The Urban Towers Handbook
城市高层建筑经典案例

高层建筑与周边环境

卷首插图：巴黎的蒙帕纳斯大楼
第6页：曼哈顿42大街与克莱斯勒大楼的景色
第8页：旧金山的山区

封面设计和页面设计由Kate Ward完成
布局设计由Maggi Smith完成

城市高层建筑经典案例

高层建筑与周边环境

【法】Eric Firley & Julie Gimbal 著

李 青 译

电子工业出版社
Publishing House of Electronics Industry
北京·BEIJING

The Urban Towers Handbook
978-0-470-68474-0
Eric Firley and Julie Gimbal

© 2011 John Wiley & Sons Ltd

All Rights Reserved. Authorized translation from the English language edition published by John Wiley & Sons Limited. Responsibility for the accuracy of the translation rests solely with Publishing House of Electronics Industry and is not the responsibility of John Wiley & Sons Limited. No part of this book may be reproduced in any form without the written permission of the original copyright holder, John Wiley & Sons Limited.

本书中文简体版专有翻译出版权由John Wiley & Sons Ltd授予电子工业出版社。未经许可，不得以任何方式复制或抄袭本书的任何部分。

版权贸易合同登记号 图字：01-2012-9309

图书在版编目（CIP）数据

城市高层建筑经典案例：高层建筑与周边环境 /（法）埃里克·法利（Eric Firley），（法）朱莉·津贝尔（Julie Gimbal）著；李青译. — 北京：电子工业出版社，2016.7
书名原文: The Urban Towers Handbook

ISBN 978-7-121-29163-0

Ⅰ. ①城… Ⅱ. ①埃… ②朱… ③李… Ⅲ. ①高层建筑—建筑设计—案例 Ⅳ. ①TU972

中国版本图书馆CIP数据核字(2016)第141779号

策划编辑：胡先福
责任编辑：胡先福
印　　刷：北京世汉凌云印刷有限公司
装　　订：北京世汉凌云印刷有限公司
出版发行：电子工业出版社
　　　　　北京市海淀区万寿路173信箱　邮编 100036
开　　本：889×1194　1/16　印张：16.5　字数：476千字
版　　次：2016年7月第1版
印　　次：2016年7月第1次印刷
定　　价：128.00元

凡所购买电子工业出版社图书有缺损问题，请向购买书店调换。若书店售缺，请与本社发行部联系，联系及邮购电话：(010) 88254888，88258888。
质量投诉请发邮件至zlts@phei.com.cn，盗版侵权举报请发邮件至dbqq@phei.com.cn。
本书咨询联系方式：电话（010）88254201；信箱hxf@phei.com.cn；QQ158850714；AA书友会QQ群118911708；微信号Architecture-Art

Eric Firley：献给 Pauline
Julie Gimbal：献给我的家人及朋友

致　谢

首先要感谢我们的赞助商。没有他们，本书的出版就没有可能成为现实，他们不只在经济上给予了慷慨的赞助，同时对这一主题具有持续不断的个人兴趣。赞助商名单如下：

Batima集团的Yves Aknin（本项目的赞助商和发起者）

EPADESA塞纳建筑公司的Dominique Boré

塞纳河前区SemPariSeine公司的Tatiana Delgado和Virginie Tenain

凯雷集团的Sébastien Bourgeois

本书的主要目标在于通过图形化质量来提供一种参考工具。因而我们非常感谢Dean See Swan和David Zink，书中绝大部分特色图形均由他们绘制。

在漫长的研究和旅行过程中，我们与上百人进行了沟通。没有他们的帮助，就不可能收集到这么丰富的材料。篇幅所限，我们仅能在此罗列出部分名单（按照字母顺序）：Qurashi Elsheikh Abdulghani（迪拜市政府）、Kelvin Ang、Ronald Ansback（汉斯公司）、Gilles Antier、Irene Avino（Belgiojoso工作室）、André Balazs、Stefan Beck（Baumschlager Eberle建筑事务所）、Ricchiarda Belgiojoso、Peng Beng（圆弧工作室）、Neil Bennett（Farrells工作室）、Luiz Laurent Bloch（圣保罗市）、Richard Burdett教授、Stefania Canta（Renzo Piano建筑工作室）、Luiza Dedini Cardia、Cristina Carlson（Ennead建筑师事务所）、Pierre Charbonnier、John Chu（Kohn Pedersen Fox协会）、Ray Clark（Perkins + Will工作室）、Emma Cobb（Pei Cobb Freed联合工作室）、Joseph Colaco博士、Richard Coleman、David Crossley（休斯敦明日工作室）、Sarah Crouch（Ellerbe Becket-AECOM）、Ellen Denk、David Dumigan（Henderson Land发展公司）、Andrea Firley、Kathryn Firth、Stephen Fox、Dominic Grace、Gérard Grandval、Gerald Green、Craig Hartman（Skidmore, Owings & Merrill工作室）、Richard Hassell（WOHA设计室）、Carmile Henry（Christian de Portzamparc工作室）、Belinda Ho、Lonnie Hogeboom、Martin Hunscher、Yumiko Ichikawa（Tange协会）、Jochem Jourdan教授、Frédéric Kappler（摩纳哥国）、Tetsuo Kawabe、Bridget Kennerley（WSP）、Serena Khor（WOHA设计室）、George Lancaster（汉斯集团）、Alexis Lee（奥雅纳公司）、Ho Yin Lee博士、Didier Lourdin（EPADESA）、Francesco Luminari、Richard Marshall（Buro Happold建筑公司）、Yutaka Matsumoto、Cristian Mehrtens博士、Kamran Moazami（WSP Cantor Seinuk公司）、Carlos Navarrete（Arquitectonica建筑事务所）、David Nelson（Foster合作工作室）、Mieke van Nieuwenhoven（broekbakema公司）、Markus Olechowski、Chad Oppenheim、David Peyceré、Camila Pineda（Sabbagh Arquitectors公司）、Mélanie Pinjon（EPADESA）、Elizabeth Plater-Zyberk教授、Lee Polisano、Christian de Portzamparc、Alexandre Ragois、Cristobal Roig、Kristina Rosen、Hugo Samuelsson（AB中心物业公司）、Toshiyuki Sanada（Mori建筑公司）、Monica Schaffer（Gensler公司）、Peter Cachola Schmal、Takis Sgouros（柏林市）、Li Shiqiao博士、Nam Hoi Sitt（新鸿基地产集团公司）、Manuel Tardits（Mikan公司）、Dina Elisabete Uliana（USP）、Klaus Vatter（巴拿马市）、Ingrid Weger（Behnisch建筑事务所）、Johannes Widodo博士、Jorge Wilheim、Lena Wranne（斯德哥尔摩建筑博物馆）、Roger Wu、Norio Yamato（Mori建筑公司）、Thomas Yeung。

这里要特别感谢Helen Franzen，她在本书交付出版商之前，对本书的第1和第2部分内容做了全面细致的语言拼写检查。

最后也同样重要的是，我们要向来自John Wiley & Sons出版社的Helen Castle、Calver Lezama和Miriam Swift表达感激之情。他们付出了巨大的贡献和耐心，才使这个极为复杂的项目最终可以印刷出版。我们希望也相信这些大量的努力和付出是值得的。

目 录

5　致　谢
9　序
10　引　言

22　**第1部分**
　　高层建筑物图解词典

　　单一建筑

24　1-纪念碑
　　主要示例：利雅得的王国中心大厦
　　辅助示例1：莫斯科国立大学
　　辅助示例2：迪拜哈利法塔

32　2-社区中的纪念碑
　　主要示例：伦敦玛丽斧街30号
　　辅助示例1：巴塞罗那阿格巴塔
　　辅助示例2：纽约西格拉姆大厦

40　3-高楼社区
　　主要示例：法兰克福商业银行大厦
　　辅助示例1：旧金山泛美金字塔
　　辅助示例2：莫斯科乌克兰酒店

48　4-社区中的高楼
　　主要示例：米兰Torre Velasca大厦
　　辅助示例1：柏林Kudamm-Karree大厦
　　辅助示例2：汉诺威北德意志联邦银行大楼

56　5-双塔式高楼
　　主要示例：斯德哥尔摩北城国王塔
　　辅助示例1：芝加哥百丽城市广场大楼
　　辅助示例2：马德里欧洲之门

64　6-整体建筑中的塔式高楼
　　主要示例：东京都政府大楼
　　辅助示例1：杜塞尔多夫蒂森汉斯公司大楼
　　辅助示例2：纽约联合国总部大楼

72　7-基建项目中的高楼
　　主要示例：纽约标准酒店大楼
　　辅助示例1：伦敦夏德伦敦桥
　　辅助示例2：拉德芳斯德克夏银行大楼

80　8-模块式高楼
　　主要示例：巴黎Tour Ar Men大楼
　　辅助示例1：智利圣地亚哥DUOC公司大楼
　　辅助示例2：巴塞罗那大西洋银行大楼

　　集群建筑

88　1-与现有城市结构融为一体的高楼
　　主要示例：纽约洛克菲勒中心
　　辅助示例1：维勒班市政大厅和新中心
　　辅助示例2：纽约河畔中心

96　2-作为城市形态的高层建筑
　　主要示例：巴黎宫殿区（"卷心菜"大厦）
　　辅助示例1：北京建外SOHO大楼
　　辅助示例2：纽约史岱文森镇

104　3-线性集群高楼
　　主要示例：迪拜谢赫扎伊德大道
　　辅助示例1：贝尼多姆莱万特海滩延伸部分
　　辅助示例2：布鲁塞尔法律街总体规划

112　4-复合高层建筑
　　主要示例：北京Moma和Pop Moma
　　辅助示例1：维伦纽夫新城滨海天使湾码头
　　辅助示例2：迈阿密Icon Brickell

120　5-巨型高层建筑
　　主要示例：东京六本木山森大厦
　　辅助示例1：加拉加斯中央公园
　　辅助示例2：新加坡@Duxton大楼

128　6-Towers in Nature
　　主要示例：柏林Hansaviertel社区
　　辅助示例1：马赛公寓
　　辅助示例2：新加坡牛顿公寓

136　7-基座之上的高楼
　　主要示例：巴黎塞纳河前区
　　辅助示例1：迪拜朱美拉海滩酒店
　　辅助示例2：巴黎蒙特勒伊Tour 9

　　垂直城市

146　1-美国闹市区
　　休斯敦市中心

154　2-高楼准则
　　圣保罗Higienópolis酒店

162　3-具有地理含义的高楼
　　摩纳哥

170　4-纪念碑之城
　　上海陆家嘴

178　5-欧洲CBD
　　巴黎拉德芳斯
　　拉德芳斯复兴计划（Tour AIR2实例）

188　6-超级建筑之城
　　香港滨海区

196　**第2部分**
　　全球七大城市的高层建筑标准

198　伦　敦
204　法兰克福
210　维也纳
216　巴　黎
222　纽　约
228　香　港
234　新加坡

238　**第3部分**
　　高层建筑及其可持续性

258　对比表
259　参考文献
261　索　引
264　图片版权

序

　　本书的研究被认为是《城市住宅经典案例》的后续部分，《城市住宅经典案例》是一本基于低层和中层住宅建筑的类型学研究著作。这本新书的研究最初由法国开发商Batima集团的Yves Aknin提出，这次新的研究旨在分析高层建筑与较低建筑对周边环境产生的影响是否有所不同以及为什么，最重要的目的是判断为了获得最佳的环境效果如何去控制并适应这些高层建筑。

　　尽管我们尽可能地让我们的注意力远离纽约克莱斯勒大楼迷人的顶层景色、巴塞罗那阿格巴塔多彩的反射景象、迪拜哈利法塔令人窒息的高度，转而聚焦于这些高楼的地层以及它们在现有及新城市环境中的嵌入策略，但这并没有完全成功。本书中那些著名的主要示例都是被称为"标志性建筑物"的作品，它们都被视为那些成千上万毫无特性的高楼中的翘楚；那些毫无特性的高楼给当地居民留下的印象，仅仅比风、阴影、入口和墙壁对他们日常生活的直接影响稍多一点。

　　虽然像大多数人一样，空间尺寸的绝对吸引力对我们会产生很大的影响，但我们在本次研究中并没有细致观察这个现象，因为我们不是高层建筑的狂热份子。然而我们相信这是一个有趣的选项：高层建筑不只在未来更加密集和持续性更强的城市中具有自己的地位，而且能够表达出创造性以及我们选择如何去生活和工作的自由。不间断的权力斗争从本质上反映出的是一种资本主义社会次序，对于当代社会来说，相比于那些从自由度非常少的封闭环境中诞生出的建筑类型——主要是19世纪晚期出现在巴黎、巴塞罗那或者柏林，现代高层建筑可以被视为更加合适和现实的研究案例。

　　我们希望本书对这个复杂而令人激动的讨论有所贡献，但很难就此做出决定性的结论。

引 言

本书被认为是一本手册指南。它主要包含了3个部分：第1部分为高层建筑提供了视觉参考工具；第2部分勾勒出高层建筑管理的大致轮廓；第3部分对持续性的概念进行了调查，特别着重于塔式建筑的城市含义。

我们研究方法的大意是将这个非常复杂的话题"嵌入"一个公平的分析模式中，同时为了保持一致性和清晰度我们接受部分频谱中某些特定信息的缺失。我们注意到对最新当代案例以及它们颠覆传统的特性进行研究的出版物随处可见，并且还在不断更新着，但很少有著作能对这些作为城市构造元素的建筑做出综合分析。所以我们在本书的3个部分所选定的主要话题、分类逻辑和特性分析标准类型都是从都市化角度考虑的，而不是从建筑学角度考虑的。但是由于这些建筑的建造规模、标志重要性和在城市高度中的角色，如果要将这些都市利益从这些大楼的建筑特性中令人信服地分离开来那就毫无意义也不可能，因而在这种背景下我们就不得不整体看待。

本书内容主要是想能为关于都市未来和高层建筑在都市中所扮演角色的讨论提供一些帮助。从我们欧洲人的观点来看，最近对巴黎城市群（"2009年巴黎地区的未来"，被普遍地简称为"大巴黎"）的咨询以及这些规划中塔式建筑的未来建设，已经从积极和消极两方面同时揭示出一些经验：这个话题正在快速成为极化观点。造成这种讨论模式发生混乱的一个原因好像直接与本书的一个主要话题相联系，它的动机在于防止将高层建筑错误地理解为一种单一的"类型学"。只要这种简单化一直存在，所有塔式建筑都会被认为是属于一个单一的群体，这就不可能出现客观性的讨论，公共住房大厦和办公尖塔大楼或者随着垂直花园城市的发展而诞生的平台之间的区别仍然会让人困惑。我们宁愿后退，通过对案例结构和普遍示例的研究来进行分析和理解，而不是传递那些基于普遍使用的高层结构假设而做出的判断。尽管我们会涉及一些特定问题，但没有理由认为这种普遍性的判断在高层建筑研究中的作用会比在低层和中层建筑研究中有更多的意义。这些随处可见的特性实例，以及对这些实例做出一些评价的必要性，在不断地迫使我们变成有轻微精神分裂的恶魔代言人，尝试着去理解并从不同角度将光线投射到这个目前仍是相对新兴的城市现象中。

下图：4个高楼，与周边环境联系在一起的4种完全不同的方式。

在给书中的3个主要部分一个总体概述之前,我们想要进一步详细解释一些书中不时会出现的基本问题,但如果没有明确提及则表明该问题的解释还不完全清晰。

高层建筑是不是一种建筑样式?

"样式"或者说"类型",是本书的关键词。但如果没有非常具体的塔式建筑案例,是不能做出清晰解释的,同时相比于较低的和清楚的重复建筑结构,它也是潜在矛盾的一个因素。首先,如上所述,我们非常明确在定义整个类型组时,高度本身不能被认为是充分且全面的参数,但是缺失了高度也是不可以的。应该说,高度是一种选择标准,是事业的一种条件;但是作为样式概念中的一个固有组分的分类过程,还需要附加其他信息。

相比于较低的建筑样式,塔式建筑让人感兴趣的地方在于它的外向特性和对周边建筑强大的影响力。例如英国的连栋房屋或者柏林、巴黎、巴塞罗那的公寓大楼等19世纪的低层和中层共用墙壁建筑,都是按照非常简单的规划设置进行上百上千公顷的建造,一个建筑紧靠另一个建筑,仿佛是在这个可用的地面空间中挤制加工出来的一样,当高层建筑出现时这种重复工作就受到了限制。在一个极端案例中,这种布局导致损失大量的自然光线和空气通道,同时带来饱受质疑的形式约束。在另外一个空间隔离的极端案例中,因为建筑物之间距离的增加导致了公共领域的拥挤以及社会交换的障碍。20世纪二三十年代对于纽约倒退的讨论以及1916年的分区规则,清晰地记录了第1个例子(见本书第2部分,88页),而第2个例子则被现代主义者进行了全面的理论分析,被辩证地视为不是一种真实的都市类型。在后面的内容中,我们希望对这两个例子提出令人信服的不同解释,但通过上述提及的外向特性暴露出的都市问题仍然存在。

这些高楼的高度不光是对周边建筑投射阴影的明显和直接原因，同时对于整个建筑内部的空间组织也有重要影响。以Rookery大楼（1888）或者圣达菲大楼（1904）为代表的芝加哥早期的摩天大楼同样也有内部庭院，但大楼高度及这些庭院实施难度的增加导致了内向型元素的缺失以及建筑内部呈现准外向型表现，进一步增加了对周边环境的上述影响。绝大多数塔式建筑——办公楼或住宅楼——简单地把表面围绕一个中央服务中心聚集不是偶然的。这种布局在建筑学上来说是相当约束的，将开放共享空间的概念以及对低层和中层建筑样式分类分析的中心要素（见《城市住宅经典案例》）排除在外。

因而需要明确高层结构的上部、或多或少带有明确限制多样性的用于平面布置的纤细"针线"、形式上更加通用的用于联系嵌壁塔式建筑的基础、地面以及相邻建筑之间的差别。一个塔式建筑的低层和高层部分之间的差别不一定决定于主要的城市或文化差异，这可以通过比较当地历史上非常著名的两座摩天大楼进行例证：纽约公园大道上的利华大楼（1952）和几乎是同时期的西格拉姆大楼（1958，见第39页）。虽然两者可以说是以同样的方式处理回步法律，为了获得连续和整体的空间而使其从街道中凹进去；但是地基的处理是完全不同的，不是选择一个空旷的广场，而是雕刻出一个墩座。极端的粗糙可以通过与温哥华现有的墩座上的塔式建筑复兴（见第193页）以及圣保罗Higienópolis"绿色"尖塔大楼（见第154页）进行对照而得到加强。

因此，我们的目标在于根据建筑的地基和各自的都市嵌入策略对塔式建筑进行分类，而不是参考建筑本身。在上述提及的低层和中层建筑中，嵌入策略很少是完全重复的，但都是沿用类似的逻辑思路。最后，可以相当公平地认为我们对单一项目和建议类型进行了分类，而不是提出现有并得到认可的建议。

标志性塔式建筑的所谓独特性及其非凡的品牌推广能力

在本书中，我们进一步探索了样式和重复的概念，以一种尚未成型的观点澄清了为什么这种分类是如此难懂所以不能确立和推广。我们还对基于大部分极端实例而来的针对高层建筑进行讨论的趋势进行了描述，事实是这种讨论容易理解，但对识别在城市规划方面的相关利害关系有所障碍。

从经济上来说，这种仿佛古埃及法老王的级别的项目所附带的巨大投资和风险易于加强它们在人为空间嵌入方面的特性，强调所谓的与众不同的特性是所有营销活动的基础。这种强烈的品牌特征出于经济需要，因为随着建筑高度增加而增加的建筑费用，只有被建筑高层的租赁收入涵盖进去的时候才有意义。较好风景的本质和不言而喻的优势以及明确的公司层级制度或许还不足以保证这个溢价，所以"独特的"设计和状态也是经常采用的销售策略。

在"独特的"下面画线以突出其卖点是不应该遭受责备的，但没有哪个特性有助于建立相对有技术性的分类方法，通过这种方法，塔式建筑在它所有的表现形式中都可以被视为"一种挨着另一种"的类型选择。概念中着重强调的地方在于"标志性的"、"最高级的"、"标志性建筑物"以及（通常都是过度暗示和虚假的）"新奇"和"技术革新"，这些标记会导致人们忘记创造一个成功的都市环境的基本需求，这些需求在100年的时间都没有发生过改变。这一趋势在全球某些地域相当流行，并且具有很快的发展速度。考虑到这个壮观的都市化过程，以及这个过程带来的迫切的可持续性问题，高层建

下一页：由于塔式建筑高度带来的明显的结构限制，建筑上层楼面的平面布置只能在很有限的范围内进行。由福斯特建筑事务所设计的法兰克福商业银行大厦（1994—1997）是一个很罕见的例子，其通过一个内部庭院为建筑提供额外的空间复杂性。从都市景观的观点来看，这些塔式建筑基础的设计趋向于在大楼之间呈现最大程度的区别。

引言

从左上开始按照顺时针方向：芝加哥Mies van der Rohe设计的湖滨大道（1951），由Skidmore、Owings & Merrill设计的属于一系列高层明星建筑的纽约利华大厦（1952）。但是，真正的问题和类型学挑战在于那些数以百万计的毫无个性的塔式建筑，这可以通过圣保罗市的鸟瞰图观察到。

筑可以并且已经在其中扮演了重要角色。从这点来看，并以中国为例，不是说上海陆家嘴商业圈（见第170页）或者香港九龙车站（见第190页）的例子就一定会流行，但类似的极简化的高层建筑发展会在不太著名的区域不断地重复下去。

　　至关重要的是，我们正站在目睹一个规模空前的发展潮流的尖端，在这个潮流中塔式建筑将因为定义而失去其特殊的地位。现在我们有机会建立一种将高层建筑视为规划工具的类型学理解，这与很早之前就已经建立起来的低层和中层建筑的理解相似。这的确是一个简单的方法，但我们研究的重要结果是认识到现代办公和住宅塔楼仍然是一种相对年轻的建筑样式，这种样式在未来有很大的发展空间。不是所有的建筑都可以成为新的埃菲尔铁塔，没有任何标记的塔式建筑也有其自己的位置。但并不是说标志性塔楼是多余的。书中选取的许多特性实例已经揭开了一个整个市区的成功再生的序幕，许多当地社区的公认特质已经出现并推动了高层建筑的发展。

塔式建筑有多高？尖顶塔楼和板式住宅——现代规划原理

　　在本书的写作过程中，我们没有考虑一个建筑能被称为塔式建筑的最低高度限制的定义，这个细节对于现有的当地环境而言或许是有意义的，但对我们看重的国际化则毫无意义。我们的类型学观点甚至认为低层、中层和高层结构应该使用相似的方法进行分析，并没有明确的区别。但是我们非常清楚规划当局不得不按照高度进行区别应用，特别是考虑到安全问题的时候。作为经验法则，在欧洲环境中10层楼的高度就被认为是一个建筑能被定义为塔式建筑的最低高度。但是这种顺序定义被认为是与建筑高度和建筑足迹之间的延伸关系联系在一起的。这自然会引导出在尖顶塔楼和板式住宅之间更加相关的区别，有关现代高层建筑和都市生活的理论来源存在开放宽阔的讨论途径。本书第1部分中许多这种类型的实例会涉及这两种类型的高层建筑之间的关系，特别是在欧洲环境中的例子，它们受到作为现代主义运动起始点的Zeilenbau（线性分组）泰勒主义观

上图：老调的自给自足的现代主义住宅板房：1959年萨里罗汉普顿的奥尔顿西方地产，由伦敦郡议会建筑师协会设计。

左图：由Oscar Niemeyer设计的圣保罗Copan大楼（1966）是板式住宅中非常罕见的，为满足现有地区规划限制而将建筑调整集结在一个非常密集的环境中。

点的影响。

我们的选择主要集中于尖顶塔楼，这是由于它们融入小型地域分支的巨大能力。与拥有大量印迹的板式住宅不同，尖顶塔楼不需要与空白的都市生活联系在一起，也不会消除源于历史的规划结构。像巴黎郊区的拉德芳斯项目（1958年开始）或者柏林的Hansaviertel大楼（1956—1960）都是很好的例子，这些项目中大规模建筑和公共规划方法都没有要求严谨的区别，在最终体会到尖顶塔楼类型转变之前，建筑组合的首次转变几乎都是出现在板式住宅中。从20世纪20年代开始，主流的设计方法是在一个空白（和征用）的土地上将建筑物按照美感、高效、卫生的角度进行分布，在这种情况下，上述提及的板式住宅和尖顶塔楼之前的类型学和实际性区别就可以很容易理解。空间不是问题，密度仅仅是一个在集群规模中不作考量的理论概念。但评估同时期和现代的规划范例不是本书的主题，即使是在简化样式中。一项潜在研究工作的难点在于也需要处理区域规划态度的关键区别：不光是在社会主义国家内城区会因为周边发展而被忽略，像法国的"大型社会住宅区"项目也无法与新加坡的Pinnacle@Duxton塔楼（见第127页）进行严肃公正的对比，因为前者坐落于大城市周边的一块曾经是农场的土地上，而后者则是明确的内城区住宅再发展项目。最后，近来涉及一些类似环境下无地籍限制的项目——像迪拜（见第104页）或中国（陆家嘴，见第170页），再加上相对于现代主义发展它们的类似的城市结果，同样也会突出依赖于项目简况、规模和位置的规划范例，以及建筑样式和作品在各个方向上的空间效果之间的关系。简单来说，如果国家没有表明将支持改变历史发展的规划结构（这种改变经常为满足迫切的社会需要而做出），那么现代主义都市生活就不会带来同样的结果。高层建筑和尖顶塔楼的历史就从这种复杂的辩证关系中显现出来，也必须在这种背景下进行考虑。

美国的高层建筑发展稍显不同，纽约洛克菲勒中心（见第88页）的历史就能很好地说明部分美国城市在现代主义运动扎根欧洲之前就已经有了差不多40年的高层建筑经验。更近一步说，美国塔式建筑的出现更主要是基于商业作用而不是居住作用，这些建筑都是随着上一代人发展的同一种严谨的逻辑在发展，这与欧洲的同类建筑不同。但这并不是说类型和社会问题完全不同；像曼哈顿的史岱文森镇（见第103页）就与同时期的欧洲发展具有令人惊奇的相似度。但是在战后早期以及欧洲商务区开始建造之间这一短暂的时期中，可以公平地说，当典型的美国大都市白领奔波于家乡和高层办公楼之间时，他的欧洲同事则是在清晨离开塔式公寓而白天在低层的世纪末建筑中工作。

从哪儿开始以及如何分析：高层建筑及其历史

本书的结构——尤其是第1部分内容——是根据独特类型进行的严格正式分类，旨在强调我们的本意不是编写一部塔式建筑的编年史。我们的目的也不是让每个选取的例子都与其理论历史背景相悖，而是强调它的发展历史中的一些亮点，这个历史与我们设计师的当代观点有着极为密切的关联。但是这些特殊实例几乎涵盖了一整个世纪的高层建筑经验，问题在于我们从哪儿开始？要想对人类在新高度方面的永恒追求做出评论，会显得过于随意；正如认为我们的天际线已经失去了展示神圣等级的作用一样，而这正是早期宗教建筑的重要元素。

也门共和国萨那和意大利圣吉米尼亚诺的塔式建筑是两个在非常不同的环境中诞生的为数众多的历史实例中的两个，但仍适合参考。

因此看来将物理人工制品从社会、文化或者精神激励中分离出来是可行的，需要认识到这些物理人工制品的本质已经有了很大程度的改变，在特定时期尤为如此；而社会文化或者心理动机为了适应我们当代社会规则已经逐步调整了。与本领域中其他大部分工作一样，我们以19世纪80年代芝加哥的现代"摩天大楼"开始我们的研究和选择过程，其中由William Le Baron Jenny设计的家庭保险公司大楼（1885）具有里程碑的意义。这座金属构架的大楼被认为是首次对建筑金属材料进行了新型的复合使用，楼高至少有10层，同时安装了电梯。更加重要的是，它与后续修建的芝加哥学校一起，标志着新一代办公大楼的开端。大办公空间的表面需求、以建筑材料和结构方案为代表的技术更新、安全电梯的发明，这3种必要元素的组合最终导致了垂直建筑类型的出现，此类型不能被简单地视为中世纪城堡高塔、金字塔或者大教堂的演变。但是，这也不代表刚刚所提到的这些建筑不具有可比性，尤其是从类型学的角度来看。从更具对比性的发展动机考虑，世俗建筑比宗教建筑更加符合我们的研究兴趣，这其中包括具有古老起源的也门中世纪城堡塔楼，或者在意大利圣吉米尼亚诺常见的中世纪家居塔楼。

最高高度仅有8层楼，也门的城堡塔楼或许不能满足我们对高度的要求，但它们的确为城市构造传递出一种让人非常着迷的观点，那就是在特定的文化和环境背景下使用高度元素创造出小型分布图。有趣的是，他们以非常重复的方式进行这项工作，因此就呈现出这些早期没有标志性的塔式建筑。而圣吉米尼亚诺的迷人之处在于其位于更加巨大的都市水平中，通过不常见的高度元素网络成功地创造出一种天际线。附带的，这些建筑也支持了"高度在很长一段时间中都与私人财产的展示联系在一起"的论断，这些细长的塔式建筑是由城市中地位最高的贸易家族而不是教堂修建的。

本书的3个部分

第1部分：高层建筑物图解词典

按照上述解释的规则，我们花费了数月进行城市回顾和对上百座历史上的及当代的实例进行分析，在此基础上最终确定了高层建筑的3个主要分类和21种级别。为了使我们的类型学方法更加清晰，除了垂直城市之外的每个级别都对应着1个主要示例和2个辅助示例。人为细分成3个类别：单一建筑、集群建筑和垂直城市，这是因为后两个概念是明显依赖于单一建筑类别的累积。但是它们的存在有助于理解规模的概念，以及明确是否会在单一建筑子类型无尽的累积中迷失的问题。同时也应当明确我们的都市环境不光只是由（正交或非正交）网格系统和相邻的单一规划组成的。迪拜和香港令人印象深刻的大部分超级建筑项目以及拉德芳斯商业圈项目都是根据非常不同的逻辑进行的，使用同样的小型工具对所有这些高层建筑现象进行分析就是不和适宜的。因此单一建筑类着眼于塔式建筑在街区结构中的融合，集群建筑侧重于大规模发展的创新，而最后一类则是体现区域高层建筑辨识度的意义。

第2部分：全球七大城市的高层建筑标准

在本书的第1部分我们以非常正式的方法对都市情况进行了分析和阐述。项目摘要尝试阐述特定建筑和都市呼应的理由，但这种阐述并未被认为证明了组合结构和规划政策或现有法律之间的关系。因此第2部分解释了城市如何尝试使建筑高度发展的影响更加显著，以及衍生出的监管是基于何种考虑。这部分内容阐述了垂直元素是如何被用来实施一个特定规划策略的，不过很快就可以明显发现这些策略发生了严重偏离，这种在城市"自然发展"中造成冲突的原因是多种多样的。"观景走廊"的概念就是一个简单例子，事实上这只与一些小类别城市才能联系在一起。一些规划当局将高层建筑视为主要的美学特征，而其他一些则几乎只看重密度和运输问题。我们从全球选择了7个实例，希望能最大限度地覆盖所有的规划策略。欧洲实例包括伦敦、巴黎、维也纳和法兰克福，美洲实例是纽约，亚洲实例则是格外引人注目的新加坡和香港。我们的主要目标是为了解释每个被选城市的现有法律，但简洁的历史概述可以帮助大家理解每个选定实例的起源。

这7个城市的所有调整框架根据7种主题分别做了分析：（1）背景/环境；（2）都市管理和责任的起源；（3）区域划分/城市规划；（4）都市天际线/都市风景；（5）塔式建筑设计；（6）建筑规范/消防安全；（7）生态学。每个实例都分别阐述，但是相互对照有利于帮助识别规划政策和在第1部分内容中有时被提及的特定实例之间的主要区别。

第3部分：高层建筑及其可持续性

一座可持续性的都市才是"良好和成功"的都市，一个能为每个社会价值带来尊敬、发展和改善的场所。因而与其他建筑形式一样，高层建筑表现了选择的多样性和自由性。同样，这也是一个在世界各地被广泛采用的选择，至少在数量上有明显的增长。但这仍然存在个人权利的问题，以及在自由性和幸福感受到其他人制约的情况下如何能保护自己的自由。随着高层建筑发展的经验越来越多，这些问题都变成了上述提及的建筑规程问题。塔式建筑项目通常面临的困难是从历史上来看不断发展的对都市环境的不当破坏，在发展中国家尤为突出；这不是直接与高层建筑问题联系在一起的，这种情况在低层建筑修建中也同样存在。

在过去几年中，对不断发展的城市未来及其对我们生态系统影响的讨论，导致了建筑范例发生了一个重大改变，高层建筑作为防止城市进一步蔓延甚至翻新的潜在工具重新被认识。这个论证同样不是新的，但通过对大多数建筑实例的分析却揭示了这个观点很少能成为一些大型高层建筑项目的推动力。这种情况可能很快会发生变化，因此本书的第3部分也是最后一部分提出一种基于将高层建筑作为城市构造的潜在可持续性元素而得出的基本原理。这能为一些主要问题做出综述，并将严格意义上的新型建筑技术的生态功能、具有至关重要的密度的材料和运输考虑结合起来。与大多数类似的论文相反，本原理的重点在于作为明显的建筑替代形式的低层、中层建筑发展的对比上，并尝试在技术上更加熟悉的环境中放置塔式建筑。节能建筑特性经常是单独与可供选择的高层建筑项目联系在一起的，因此这些建筑的城市决定性价值就非常有限。理解与本书前两部分内容有着直接联系的可持续性和密度问题是至关重要的，因为密度的概念如果不能跟如何可以以一种成功并持久的方式来改善这一问题的正式考虑联系在一起，那就是毫无意义的。

下一页：只能有一个"毫无用处"的埃菲尔铁塔作为最终标志。

第 1 部分

高层建筑物图解词典

王国中心大厦

单一建筑：纪念碑
地点：沙特阿拉伯利雅得
时间：1999—2002
建筑师：Ellerbe Becket
客户：王国控股集团

这座非凡的塔式建筑不可避免地与标志性和纪念碑这两个概念联系在一起。利雅得的王国中心是这类建筑中最纯粹的当代实例,它实现了建筑物能代表都市观点的期望。

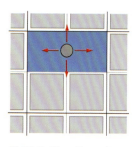

类型分类:单一建筑——纪念碑
建筑高度:302米
建筑覆盖率:48%
容积率:3.19

历史/发展过程

这项利雅得项目最开始的时候并没有想要创造超级高楼。Alwaleed Bin Talal Bin Abdulaziz Al Saud王子殿下是法赫德国王的侄子,他是王国控股集团的所有人,也是世界上最具影响力的商人之一,他将沙特阿拉伯首都北部外围的广大地区纳入一个总体设计规划的竞争中。一共有12支团队参与这项竞争,最终第一名授予了一家位于明尼苏达的设计公司——Ellerbe Becket。将潜在的入驻公司的整个建设计划整合成一个单一的塔式建筑而不是几个低层建筑,这种设计概念正是在竞争过程中产生的。最终提交了与第二名WZMH建筑公司一起合作的两个包含不同最终陈述的提案。Alwaleed王子很快就了解了这项大型建筑计划的巨大潜力,抛弃了原有设计规划而支持这个单一标志性塔式建筑的提案。因为这座塔楼只覆盖了他所有的这一大块城市区域的40%,剩余部分就出售给了第三方。随后又有一个小型的建筑竞争,Ellerbe Becket团队不得不向包括科恩Kohn Pedersen Fox(KPF)、Skidmore,Owings & Merrill(SOM)和Cesar Pelli(虽然参与过,但是因其工作量太大而退出)等在内的在高层建筑修建方面具有国际声誉的专家证明自己的能力。

都市形态

选择王国中心作为"高层建筑纪念碑"这一类型的主要示例是考虑到其结合了两个有趣的特性:首先,建筑物高度与其大多数周边环境的强烈对比;其次,塔楼所覆盖的整个利雅得正交街区网格的明显都市环境。不是与大多数塔楼,而是与许多仅仅依靠地面高度和设计创意就宣称其具有标志性的塔楼相比,王国中心在地面上和广阔的都市环境中也延伸出其标志性意义。不光是惊叹于地点规划的方式,还有这座建筑完美的对称性,因此这个雄伟建筑给人的第一印象就是迷惑的并如此呈现,而第二眼却会觉得这座建筑是非常精细简单的。对称性的影响不值一提,因为这并没有包含在Ellerbe Becket最初的提案中,只是对当地建筑文化进行研究后才提出的。

王国中心相对于城市天际线是如此的突出,表明了利雅得市和建筑用地所在的以Al Olaya大道及法赫德国王大道为代表的城市南北方向大道上,高层建筑稀少得令人惊讶。在这座以汽车为主要交通方式的城市共有400万的居民,它的发展速度已经超过了小型历史核心区域的承载极限,在第三维度轴心的投影具有至关重要的意义,所以由福斯特建筑事务所设计的第2座摩天大楼——Al Faisaliyah中心大楼于2000年完工,位于王国中心南边仅仅2.5千米的地方。就城市规划而言,两座摩天大楼之间的线性关系看起来像迪拜谢赫扎耶德大道(见第104页)的倒置,在这里轴线是通过一堵塔楼墙而不是两个参考点来定义的。

建筑学

塔楼著名的顶部带来的灵感通过广泛的分析和对国际建筑构架的回归,证明了其标志性的分量。拱门的曲线形状让人回想起圣路易斯拱门,其作为一项符合客户对美丽和优雅的观点的选择呈现出来。对

塔楼的侧景和它在车道上的基座

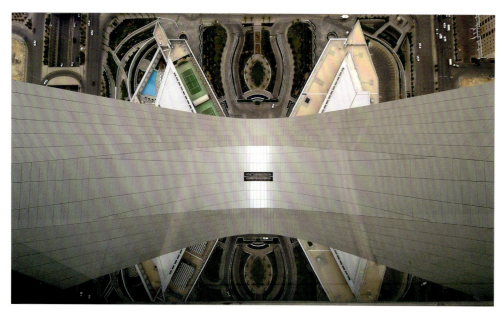

左和左下图：从建筑顶楼的人行天桥看到的底座两翼。

塔楼南面入口前部的风景区和行人区。

下一页：底座东翼内部的零售商店内部。第三层为女性专用区域。

塔楼的前厅。将底座建筑与塔楼垂直环流联系在一起的人行天桥。

顶部装饰的最终尺寸最具决定性的因素是当地建筑规程将任何该地区新建筑的高度限制在30层以内，但没有明确限制建筑高度。由于没有高度限制，这就给Alwaleed王子和他的设计团队留下了充裕的空间进行工作，他们考虑后决定将这座作为主要标志性建筑物的高度确定在300米左右——与埃菲尔铁塔的高度接近。尺寸问题因此可以得到清楚地说明，王国中心因而也就可以被视为一个过大的雕塑，因为该建筑差不多有三分之一是没有内部空间的，只能通过电梯到达最顶层令人侧目的人行天桥上。涉及塔楼高度的另外一个可能不敬的理由或许是其受到了上述提及的Al Faisaliyah中心大楼的刺激，该塔楼高达267米。

王国中心底部的大型建筑设计主要是由受3个元素的影响：第一，不能被放置在塔楼中的数量巨大的表面和功能；第二，确保建筑能与它周边环境发生互动的要求；第三，顾客坚持要求有独立的、具有代表性的、位于中心位置的入口。关于入口问题的最后一点可能是最开始的要求，代表了对混合结构建筑处理的一种非典型方式。同时，建筑师将步行景观区融入建筑设计的想法，对于在世界上最炎热气候条件下的地区建造的新型建筑来说是不同寻常的。带有临街购物商场和会议中心的翼状建筑底座设计，使得人们可以通过这些绿色区域直接到达街区北面和南面的塔楼。虽然这座多用途的塔楼建筑具有很多功能，包括王国控股集团总部、豪华公寓、人行天桥、酒店和银行等，但由于独立入口的存在，参观者可以避免只能穿过购物商场或其他中间空间才能达到中央核心区域——这是使其与墩座墙项目区别开来的重要特征。

总　结

　　王国中心大厦很好地诠释了标志性、地标性以及最雄心勃勃也是最模糊不清的纪念碑式的概念。在一个其特征是由大众传媒视觉文化决定以及符号交流是都市条件的本质的社会中，这些概念通常与精心计算过的品牌化过程相互联系在一起：要么是将一座建筑品牌化成一个标志，要么是使用这个标志为公司进行品牌化。或者两样一起。本书的部分目的不是详述这些有趣的概念——这些概念已经被其他人理所当然地凭借他们自身的能力进行了研究，我们的目的则是侧重于分析这些建筑在都市格局中的物理地位。明显的事物并不是如表面那样简单，本书中最具特性的实例都是根据一种特定标志性的质量而选择的；无可否认的是，这种分析是伴随着作者的直觉以及部分品位驱使的选择过程。

　　因此，王国中心大厦的一种性质和特质在于因其几乎都采用古老的简单形式，反而促使我们重新认识象征领域和物理领域之间的关系——符号本身以及它所引起的交流，并且对相比于较低建筑，这些概念在高层建筑中的特异性提出质疑。我们的意思是世界上没有几个城市中的高层建筑能通过其简单的存在形式，就获得纪念

比例1:2500，剖面图示表明塔楼高度三分之一的空间是没有被使用的。

碑式的效应。通常认为的，作为一个都市标志的摩天大楼，它是现代的一个产物，已经取代了教堂或者清真寺的传统地位。但是相比于中央集权的宗教机构，现代经济的自由本质在维持特定等级制度和垂直物体显著度的方面反映出来。成千上万的开发商和跨国公司都有办法按照他们自己的记忆来竖立纪念碑，有关当局只能引导而不能控制他们，诸如东京、芝加哥、伦敦和圣保罗等城市的天际线都可以作为这一事实的知名证据。同时，这些天际线和其中无数的塔楼也能证明高度不能保证其获得荣耀或者甚至长时间的关注度。这看起来可能是我们利己主义的、世俗化的、高竞争强度的社会带来的不可避免的结果。作为全球都市叙事的一部分，王国中心大厦成为代表沙特阿拉伯现代化和不断增加的开放化的一个清晰的象征。因而它扮演了一个非常特殊的角色，如果不是自相矛盾的话，它作为都市人造制品的成功是由于利雅得的天际线还没有这些发展的真实性，不论出于何种理由。相比于宗教建筑施加的影响，它与周边低层建筑的这种令人惊讶以及几乎是中世纪的关系可能会在未来的现代化进程和经济多样化中消失，让位于获胜的和重建的令人不安的过程，在这种过程中一般认为个人雄心的表现和延伸是不会被容忍的。

王国中心大厦

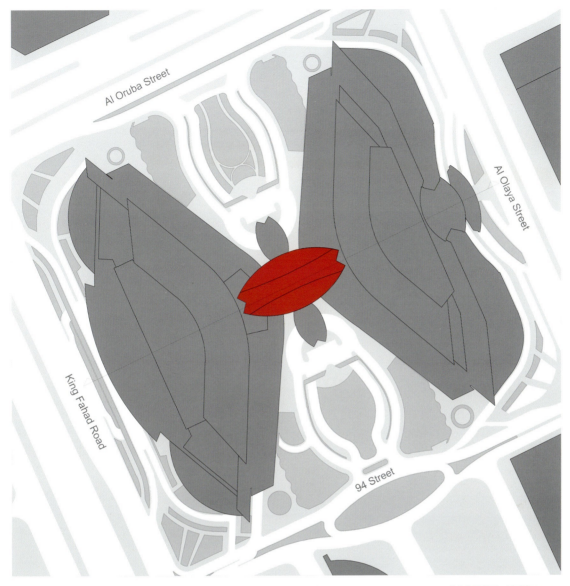

城市平面，比例1:2500

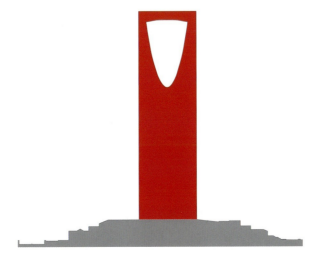

城市剖面，比例1:5000

莫斯科国立大学

地点：俄罗斯莫斯科
时间：1949—1953
建筑师：Lev Rudnev

这座被俗称为"七姐妹"之一（同见乌克兰酒店，第47页）的斯大林最高建筑物坐落于靠近麻雀山附近的一块绿色区域，也是城市最高的景点。就像一条围绕这个苏维埃政府首都核心区域的注脚线一样，7座高楼代表着"大将军"和"最高建筑师"实现乌托邦的踪迹。在比喻意义上，这种在空间上相当成功的体系得到进一步延伸，华沙的文化宫可以被认为是属于同一种用来表达共产主义政权统一的具有高度相似度和政治度的建筑结构种类中的一部分。另外，就一个更加当地的层面来说，这种严格对称和独立的大学建筑是从克林姆林宫到莫斯科南郊的胜利的代表。

迪拜哈利法塔

地点：阿联酋迪拜
时间：2004—2010
建筑师：SOM（Skidmore, Owings & Merrill）

　　从一个城市的观点来看，这座世界最高建筑最具引人注目的特性在于它是被当作一个中心装饰品放置在名为迪拜市中心的全新街区中的。这是展现城市发展的新方式中一种最极端的表现，因为在这种方式中，商业建筑取代了公共建筑，建筑物最高功能是作为主要的营销工具。房地产价值通过塔式建筑周边风景得到最大化，同时更加方便的方式是通过塔楼向外看去令人惊叹的风景得到升值。塔楼基座周边景观被精心设计过，放置在人工半岛上，极大提升了该项目纪念碑式的诉求。

玛丽斧街 30 号

单一建筑：社区中的纪念碑
地点：英国伦敦
时间：2000—2004
建筑师：福斯特建筑事务所
客户：Swiss Re

这座被戏称为"小黄瓜"的建筑坐落在世界上最古老的一个银行和商业区，它表明即使在高密度城市格局中也不需要排除独立结构的存在。这座完美的巨大尖顶塔楼对于它周边环境的纪念碑式效应通过周边广场最小化处理得到了加强。

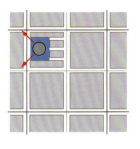

类型分类：单一建筑——社区中的纪念碑
建筑高度：180米
建筑覆盖率：37%
容积率：8.37

历史/发展过程

第一个得到伦敦金融城公司建筑许可的塔式建筑建于1978年，它被解释为象征着金融城捍卫其作为世界上一个最主要金融中心的能力。从房地产的角度来看，面临的挑战在于当地情况：金融城以东5英里（约8千米）的位置就是从20世纪80年代后期开始发展的达克兰金丝雀码头，因其更加自由的规划限制、良好的交通衔接和大量的土地储备吸引了一些金融城得顶尖客户。同样的离去也发生并威胁到了保险公司Swiss Re集团，其在收购了超过5个单独的金融城办公室之后进行了分散。因为没有找到一个合适地方可以租用，于是提出了一个搬移到金丝雀码头的计划，但最终公司决定留下，修建一座新的建筑作为

其办公大楼。很难有机会可以将一个场所控制在一个适当的维度，尤为讽刺的是需要通过一个后果得不到完全保证的事件：爱尔兰共和军在波罗的海交易所前引爆了一个炸弹，使得这座19世纪修建的登记在册的建筑状况堪忧。虽然不满足当代和高效办公室的使用要求，但部分历史相关性以及对于这座建筑未来的讨论和谈判仍在继续，这个场所也使用了很多年，同时所有权经由波罗的海特拉法加住宅集团和克瓦纳集团从波罗的海转移到斯堪雅建筑集团。8年之后终于获得了一个建筑修建许可权，英国遗产保护结构和金融城规划当局为了这个被认为是具有超级品质的计划而放宽了他们早前严格的立场，随后提出了一个优于早期计划但又稍显奇怪的方案，方案中想要将带有彩色玻璃窗户的圆顶和历史元素的外观一并融入大厅。但是这个漫长的规划历史不能掩饰这个修建地点优于任何金融城背景下的规划方案的事实，这与金融城其他房产有所不同，它既不是一个保护区，也不会受到圣保罗大教堂保护观景走廊的影响。这也是为什么Norman Foster最初想象出一个具有更高维度的方案的理由之一，因为千禧塔就受到了他早期对东京湾垂直城市的研究的强烈影响。

收购大楼的许可，是Swiss Re集团与斯堪雅建筑集团签订购买合同的条件之一，瑞典承包商以他们对大楼修建工作的执行进行了确保。这些事宜仅在2001年早期至2003年后期的33个月内就结束了，Swiss Re集团的员工差不多在距离波罗的海交易所开张100年之后，终于得以搬入。

左上图：Richard Rogers设计的劳埃德大厦（左）和福斯特建筑事务所设计的威利斯大厦（右）之间莱姆街沿途的景色。

上图：利德贺街南端的景色。

最左图：广场为之前封闭的场所提供了新的人行通道。

左图：基于消防安全的原因，螺旋形门廊重叠了6层。

下图：新的塔楼成为伦敦金融城天际线壮观的标杆，图为从泰晤士河南岸观察到的景色。

都市形态

高层建筑在金融城既不是新奇的，也不是超乎寻常的。著名的例子包括Richard Seifert设计的现在成为42号塔楼的纳维斯塔楼（1980）以及Richard Roger设计的激进但规模更加适当的劳埃德总部大楼（1986）。由于城市具有悠久的历史，对以中世纪为主的砖块结构在进行逐渐和连续的重建，但一个真正独立的尖顶塔楼却是相当罕见的。这些少量存在的塔楼不得不挤入更早前就已经存在了的都市格局中，至少是与周边建筑相连或者准相连的。Foster的提案完全不同，明显否决了任何前或后的方向感，从附近直接相邻处来看与从伦敦天际线中的所见完全一样。相比于流行的趋势，他直接转变了背景原则逻辑：从带有中央照明大厅的波罗的海交易所的封闭边界的发展，他转变成让处于中央位置的塔

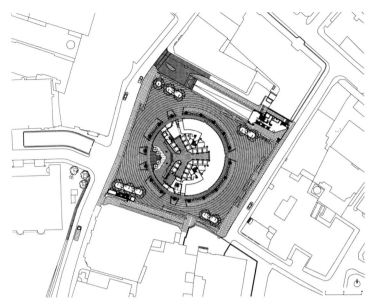

比例1:2000，底层平面图及其周边环境。

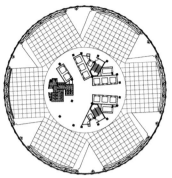

比例1:1250，带有外围庭院的标准楼层平面图。

楼周边放置空旷的广场。具有讽刺意味的是，新的圆形屋顶被认为是对之前广获赞誉的波罗的海交易所大厅的翻版，为了向在这里工作的大约3500人提供更加敞亮的工作环境，屋顶升高到了180米。

公共广场是让官方确信这个方案值得进行的重要元素，它不光使四面连接的人行通道成为现实，并且从这个塔楼不同寻常的建筑形式中直接受益。首先，塔楼基座部分直径较小，为公共使用的户外留出了最大的空间；其次，地面上优越的风力条件同样会与建筑物的弯曲形状联系在一起。广场的特性也有些奇怪，类似小型的纪念碑式的建筑（本质上是残留物）；本身毫无特性，但通过底层商业用途的使用又显得具有生气——好像它无条件地为这座塔楼奉献自己。

建筑学

为了理解这座建筑的建筑学原则，就很有必要突出福斯特建筑事务所的主要设计主题以及20世纪90年代期间在建筑发展方面所做的实践：其在工作空间进行质量改进的坚持、在垂直城市发展方面的研

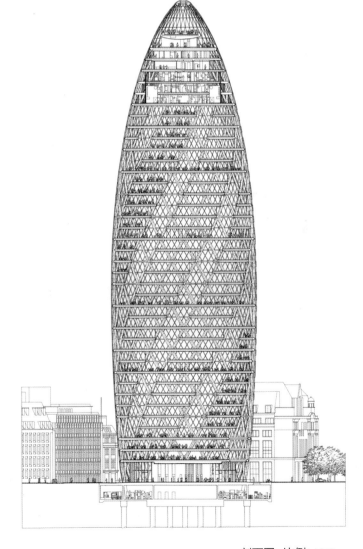

剖面图，比例1:1250。

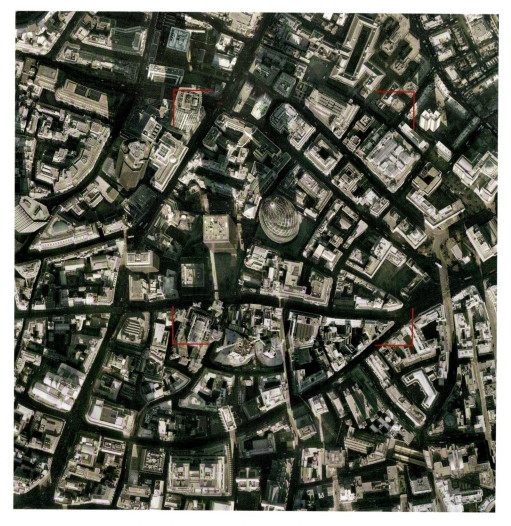

究、在曲线几何方面不断增加的兴趣。从1997年法兰克福的德国商业银行大楼（见第40页）的修建开始，高层建筑结构的可持续性就已经成为公司的主要考虑重点，这也是玛丽斧街30号项目的顾客的关键要求之一。建造方案通过技术工程得以满足这些要求，包括在两个可调节玻璃外表之间的一个节能气候缓冲区；以及另外一些更加概念化的设计原则，例如通过浅底板和宽阔的内部天井实现高自然照明和通风程度。这些螺旋天井一个令人感兴趣的建筑特性是对于塔楼规模和相对于内部及办公室使用者的垂直性的调节能力。这看起来是对早期芝加哥塔楼（例如Burnham设计 的Santa Fe and Rookery Buildings）采光天井的一个位于建筑物总长度中心位置的现代解答，其适应了不断增长的建筑物高度，通过彻底地改变采光天井的空间性来解决难度不断加大的光线条件。在底层中，为了应对主要入口的实际需要，这些内部天井在空间上通过带有外观结构元素的门口休息区的对照，提供了一种非常与众不同的中部空间。

塔楼完美对称的圆状外形、内部结构后面的门口休息区、广场的剩余物性质，所有这些元素虽然规模不同，但以某种方式联合在一起，间接指向罗马的坦比哀多礼拜堂（1502），揭示了这座重量级的"小黄瓜"对古典美学、巧妙的工程学和当代实用主义的一种非常伦敦化的妥协。

玛丽斧街30号

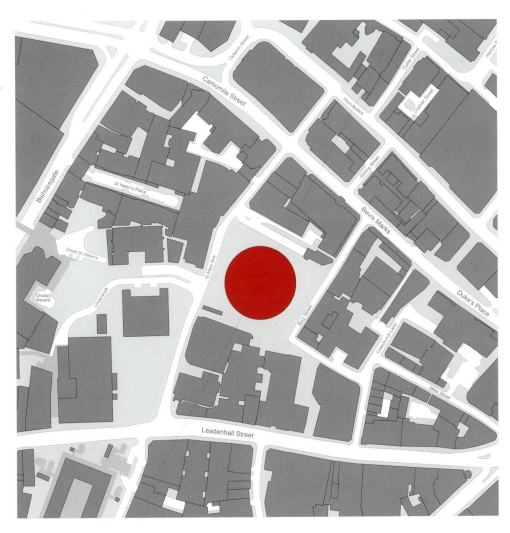

城市平面图，比例1:2500。

总　结

　　这座塔楼建造背后漫长的规划历史及其"欢乐结局"，突出了这些不同寻常的建筑总是特定环境下的产物，不能简单地将其归功于建筑师的神来之笔。从政治上来说，不管是否涉及对现有保护建筑的拆迁，它们不光象征着顾客和城市的雄心壮志，同时也是公众和媒体参与愿望的排气阀，以最壮观的方式之一参与权衡许多不同公共和个人利益的（有希望的）民主进程。从经济上来说，这根据对这些邻居预期的结果，表达了巨大的风险和对土地价值的高度评价。非常有趣的是，波罗的海交易所将他们的场地仅仅以1250万英镑的

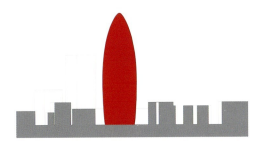

城市剖面图，比例1:2500。

价格出售给了特拉法加住宅集团，期望当局会坚持对这座历史建筑做局部保留，而任何开发商都会愿意付出数倍的价格来获得一个空白的场地，就如同本例这样。

阿格巴塔

地点：西班牙巴塞罗那
时间：2005
建筑师：Jean Nouvel 和 B720 建筑室

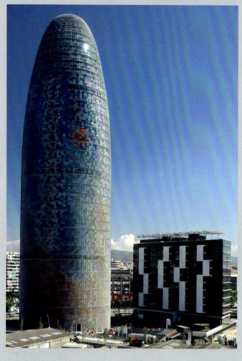

这个塔楼项目来源于一项由B720建筑室对一块曾为工业用地的土地所做的总体规划研究。其位于Ildefons Cerdàs在19世纪为巴塞罗那所做的著名的扩展计划中的东南方边界，其中衰败的区域亟须进行改变。结果就是由Jean Nouvel设计的高层建筑成为加泰罗尼亚首府的新标志性建筑，更广泛的城市更新区域的指示牌被称为22@巴塞罗那。相比于伦敦的玛丽斧街塔楼，它被放置在该场所的边界上，尝试更好地定义对角线大道以及大道前面过大的环岛。因此广场及其外部席位，被放置在塔楼后边、相邻建筑之间。可以认为这件与众不同的建筑作品对于它紧邻建筑的影响会因其建筑周边发展程度的密实化而得到进一步的加强。

西格拉姆大厦

地点：美国纽约
时间：1958
建筑师：Mies van der Rohe 和 Philip Johnson

受到Louis Sullivan和芝加哥学校的强烈影响，Mies van der Rohe对于塔楼（"一件自豪和不断上升的事物"）的不妥协的垂直表达非常着迷，因此并没有认可由1916年颁布的纽约分区法引起的常见的回溯。关于这个现代建筑学中的里程碑，他决定将所有发展潜力都集中于这块没有高度限制的空地的四分之一上，并将这座建筑放置在远离派克大街的位置。剩余部分成为曼哈顿片区很少见的广场，这对于随后进行修改的规划法产生了深远影响。在未来，关于公众可以访问空间的深思熟虑的条款会随着得到规划当局许可的发展动机而出现。塔楼自身凭借其纪念碑式的简单形式成为玻璃箱建筑和国际风格的原型，但完全不能将其等同于优雅和独创性。

商业银行大厦

单一建筑：高楼社区
地点：德国法兰克福
时间：1994—1997
建筑师：福斯特建筑事务所
客户：德国商业银行

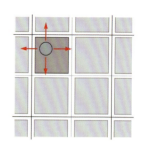

类型分类：单一建筑——高楼社区
建筑高度：259米
建筑覆盖率：87%
容积率：10.99

就像一个超大号的机器，商业银行大厦对于法兰克福天际线有着举足轻重的影响。因其革命性的内部结构而众所周知，它也超越了代表法兰克福历史都市布局的都市嵌入策略。

法兰克福作为一座欧洲少见的高层建筑之都获得了全球赞誉。但是粗略一看鸟瞰图，就可以发现一种主要是周边区域世纪末的保存良好的建筑遗产的完整而重复的都市结构。在早期，城市规划官员就意识到超大号建筑对现有都市格局的潜在负面影响，从1953年就颁布了Hochhausrahmenpläne法律（高层建筑规划框架）。这些框架被设计用于定义出一个能够既能控制又能支持城市未来发展的清晰策略。但是作为对垂直发展的初步意念并不总是随着时间保持一致的，径向观点被分支规划所取代，这对于特定高层集群建筑的现有定义来说是一种让步。这些修正的理由不仅与规划范例联系在一起，而且也是为了要实现这些非比寻常的结构都不能精准预测的结果，即使在一个要求非常高的世界经济中心也是如此。法兰克福持续修改计划的经验表明发展压力可以被成功地组织和挑战，但不能在一个长时期内得到精准的控制。从1998年开始有许多塔楼计划并没有得到实施，同时其他人则在尝试得到指定集群建筑区域以外的建筑许可。目前正在进行中的一个主要的改变

和修改是由于法兰克福21号项目（1996—2002）失败的影响，该计划确定了一个新的地铁站之上及周边的若干塔楼的修建。同时修改还包括了新的欧洲中央银行地点，一座由Coop Himmelb(l)au设计的塔楼和在2013年后期完工的施工进度表。

都市形态

商业银行大厦计划的一个性质就是它将高层建筑融入周边街区空间逻辑的能力。一个新项目带来的刺激在20世纪80年代末期出现，那时商业银行大厦经历了大规模的扩展，远远超过了其现有地点。由于劳动力分散到超过30个项目中，其带来的严重效率缺失使得改变的压力越来越大。商业银行大厦最终得到了与它相邻的从20世纪60年代就已经存在的29层高总部塔式大楼得场地权利，但为了合法确认这座最终会成为欧洲最高摩天大楼的建造许可，不得不等待这座新建高层结构的建立。

从都市观点来看，其结果可以被描述为墩座墙上的塔楼和社区中的塔楼结构的混合物。受到城区周边南面幸存的19世纪建筑的启示，建筑师决定在被拆卸的结构上面重建周边建筑。他赋予这些低层建筑各种不需要被容纳在实际塔楼中的功能，将主要入口作为一种周边新旧街道发展的一种元素进行呈现。当进入建筑时，参观者会被高处带有公共空间和天窗的餐厅、规模极为宏大的大厅等内部区域所吸引。在受到现有结构限制较少的北面，建筑师的规划是非常大胆的，创造了一个更具现代感的空间，纪念碑式的阶梯步级将人引向未装饰和独立的塔楼基座。

建筑学

商业银行大厦可能不是具有美感和优雅的杰作，但它也从未计划成为这样的建筑。最重要的感觉是来自一些日本新陈代

上图：模拟历史周边街区终结的塔楼基座。

左图：在南面入口后面，引导前往食堂和大厅的楼梯。整个底层对于公众都是开放的，并可以作为捷径使用。

谢学项目，这种假设以Foster对东京世界最高塔楼几乎同时代的提案所含的观点得到了确定。

空间和建筑范例之间的敌对关系很是有趣的，因为这个结构巨大的总宽度是直接与德国当局对于工作场所光照条件规程不允许大型建筑规划联系在一起的。因而Foster巧妙的解决方案是提出一种多元化的塔式建筑，其中建造和未建造区域交替垂直，就像以螺旋方式展示水平线一样[参见他在伦敦玛丽斧街30号为Swiss Re集

右图：北面入口及其具有代表性的阶梯步级。

左下图：从一个绿色庭院之上的工作站观察到的景色。

团设计的塔楼（第32页）]。这种技术表明其是基于真正垂直城市的模块化系统的唯一的建筑实例，带有几种分离和自主的元素，至少在美学上如此。这种方法的建筑本质在本项目的早期阶段得到了更进一步的发展，为了能与邻近的第二座商业银行大厦的重建设想潜在地联系起来，垂直环流从被称为"鱼尾"的三角形建筑规划中排除了。

总　结

　　商业银行大厦的第一个提案大大超过了预算，不得不做了巨大的削减才使其能够实施。最后，该项目的财政可行性只能通过延长结算周期、充分利用塔楼大量的节能特性和塔楼相对低的维护费用才能得以保证。与这一切联系在一起的是一个引人注目的认识，即在历史上有多少最著名的、最先进的但也是最昂贵的高层建筑是自用业主委任修建的，这是与最看重优化成本—租金关系的专业开发商在建筑方面略为不同的兴趣。相关实例包括纽约伍尔沃斯大楼（Cass Gilbert设计，1913）、施格兰大楼、利华大厦以及伦敦玛丽斧街30号、法兰克福商业银行大厦等在内。对于这座"一级方程式级别"的技术上最先进的高层建筑，这种营销逻辑应该是准确的。但是第二眼看过去，"昂贵的商标名称"与"本轻利厚的租金机器"之间的明

商业银行大厦

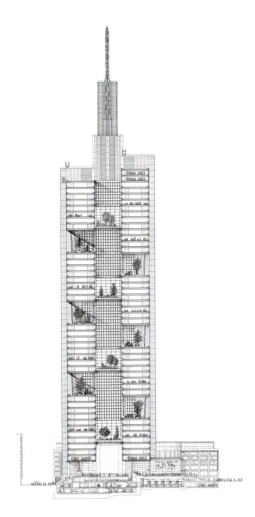

比例1:2500，展现螺旋形空中花园的剖面图。

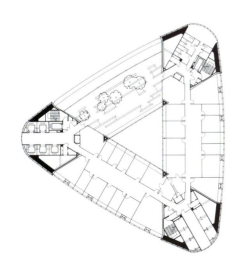

比例1:1250，建筑平面图：通过其螺旋形结构，这座三角形建筑的一面总是向外部开放的。

显区别并不容易确认。如果一个跨国公司没有修建自己的总部大楼，它也还是会想要租住一流的场所。在许多例子中，由开发商修建的塔楼可以让唯一的或者主要租户对其命名，这可以获得与租户直接所有的塔楼类似的辨识度。同样，合理计算房产价值的专业人士可能不会总是正确的，许多开发商（和非业主）已经破产，虽然他们的热情和痴迷会给下一代留下非凡的遗产。

就塔楼其最高级的特性本身而言，在经济上更加切要的重点在于其保险费用支出等同于它造就非凡品牌的能力。仅有少数的城市能够单独从缺乏空间及其造成的土地价值过高的角度就能够解释清楚高层建筑的建造。即使在这些城市，超级高层建筑如果向上层楼面收取更高的租金，它也不能平衡其多付出的成本。但是，对于这项溢价的准确价值做出理性评价是非常困难的，在2001年"9·11恐怖袭击"之后的一个短暂时期内甚至将其视为负值。但仅是高度不能使租金收入最大化，作为第二重要经济因素的未来建筑的所在地点就成为同样相关的参数。对高度和地点这两个简单因素的分析对于以发展压力的形式区分单一建筑、集群建筑和垂直城

塔楼及其在法兰克福天际线中的显著地位，从美因河南岸观察到的景色。

市，以及评估高层建筑范例对周边区域下层住宅的高档化来说，都是非常重要的。对于一个潜在单一建筑的纯粹怀疑将会对其土地价值有所影响，如果在法兰克福规划历史中没有暴力的发生（最著名的是20世纪70年代初期发生在Westend地区的住宅中），这有时还是鲜活的；相关记录表明，在有历史渊源的区域中对单一建筑修造进行控制显得尤为困难，因为一个不明确的法律形势会导致即时的土地投机。1967年提出的"指拇规划"（名字来源于该规划的"五指"形状）在20世纪60年代末期被否决，因其只是一个仍就模糊的远景而不是有效的法律框架，会导致当地居民的离去，而且其在高层建筑复兴的远景中故意忽略了现有的低层建筑。最终这个规划并没有被采纳，塔式建筑被限制在迈因策尔公路区域的南部边界，该区域部分属于所谓的金融区。

商业银行大厦

比例1:2500,城市平面图。

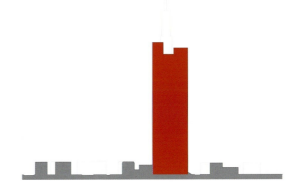

比例1:5000,城市剖面图。

泛美金字塔

地点： 美国加利福尼亚旧金山
时间： 1969—1972
建筑师： William L Pereira

Pereira设计的完美纯白色办公大楼在都市布局中扮演了一个矛盾的角色，通过地块边界的对称休息区戏剧性地将它的城市定位转变成倾斜的哥伦比亚大道的焦点所在。这种与周边结构的非列线型关系与塔楼的标志性和整体空间完美适应，它最终被解读为纪念碑式表达的单一街区，即使东面的十字路口事实上只是一个穿过宽阔街区的步行路链。正如对休斯敦案例（见第146页）的研究中所做的解释一样，这种所谓的形势——一个区块和塔楼的方程式——出人意料地罕见，并对与零碎发展的周边街区同源并列的美国格局的概念提出了挑战。由于该地点有限的容积率和固定的最大开发区带来的上部楼层表面的巨大损失，塔楼的金字塔形状与都市规划和顾客标志性的雄心是一致的。

乌克兰酒店

地点：俄罗斯莫斯科
时间：1953—1957
建筑师：Arkady Mordvinov 和 Vyacheslav Oltarzhevsky

与Lev Rudnev设计的莫斯科国立大学（见第30页）一样，乌克兰酒店也是Stalin设计的"七姐妹"建筑之一。其坐落在直接邻近河的更加中心的位置，它与其他建筑一起共同享有一些新古典主义的建筑特色，通常被斥为具有"结婚蛋糕"风格。相对于大学建筑，它看起来是在一个独立的街区中，周边围绕着景观庭院，创造出一种带有外向和内向特征的更加都市化和复杂化的环境。与曼哈顿上西区的巨大街区中诸如艾普索普酒店或贝尔诺德酒店等类似例子不同，这个俄罗斯实例中的庭院是对公众开放的，看起来更像一个绿色广场而不是一个建筑庭院。这个空间带来的令人惊讶的安宁感通过位于塔楼底层的酒店入口得以保留，入口是单一朝向街区外部和内河的。

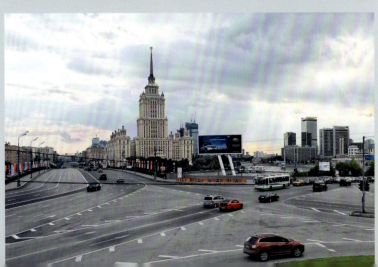

Torre Velasca 大厦

单一建筑：社区中的高楼
地点：意大利米兰
时间：1956—1958
建筑师：BBPR（Gian Luigi Banfi，Ludovico Barbiano Di Belgiojoso，Enrico Peressutti，Ernesto Nathan Rogers）
客户：Immobiliare 兴业银行

类型分类：社区中的高楼
建筑高度：106米
建筑覆盖率：45%
容积率：5.64

在1959年荷兰奥特洛举行的最后一次CIAM（现代建筑国际协会）会议涉及的建筑辩论非常著名，Torre Velasca大厦为城市规划期限展现了一个非常有独创性的解决方案。

许多意大利城市在第二次世界大战失利时遭受了严重的轰炸。作为国家经济中心的米兰也没有幸免于难，关于如何适当地重建被摧毁的历史核心区域中的建筑仍然是个主要问题，这成为战后一代意大利建筑师的主要工作主题。随着人口数量的大幅增加，这种情形更加严峻了，在随后的经济复苏期间为了满足办公室的使用导致居住空间的持续缺失以及城市中心混合功能的丧失。足够的法律工具的初期缺失并没有促进根据城市官员计划进行的重建。以Torre Velasca为例，由于炸弹爆炸对几个老旧居住建筑造成的损坏造就了一个9000平方米的空地，因而就在这上面寻求重建计划。

在这个项目中选定了当地的设计工作室BBPR（Banfi，Belgiojoso，Peressutti，Rogers），从今天的观点来看，这是意大利历史中的一种象征性角色。这4位建筑师从他们在米兰开始学习时就相互认识，并在1932年成立了这个工作室。他们早期对于法西斯主义的同情很快就消失了，这个小团体的成员随着时间发展成为法西斯政权的反对者。Rogers原本是英国人，但不得不离开祖国，而Gian Luigi Banfi最终在集中营中失去了生命。战争结束后，剩下的3名合作人重新聚集在一起，作为大学教师和建筑从业者开启了一段成功的

职业生涯。最初受到Mies van der Rohe、Le Corbusier和意大利理想主义者的强烈影响,他们的战后作品变得非常个人化和背景化,最终与他们之前的CIAM同事的反历史主义发生了广泛的碰撞。特别是Ernesto Nathan Rogers,作为《住所》的前任出版商和《卡萨贝拉》杂志在1964年之前编辑的,更是使他自己成为他那个时代的思想领导人,能够在国际层面上很大程度地改变与他意气相投的同志的观点。

都市形态

由于前文提及的在战争期间遭受的炸弹伤害,不光是现在Torre Velasca所在地街区的建筑,还包括整个周边区域的建筑都在相当程度上被修改了。之前,Via Larga的全宽与现在的Piazza Velasca的长度一样,其终点位于与Corso di Porta Romana的垂直T型交接处。在战后对城镇规划和交通重新整理的工作中,Via Larga通过大型Via Alberico Albricci的创造被转变为向西直面Piazza Guiseppe Missori。这个新创建的社区,从历史观点上来说,被一条窄巷进一步细分,因而获得了连通有更加隐秘的特性,这在某种程度上来说与这个宏伟的规模和作为核心认识的塔楼规划形成了迷人的对比。

这种背景信息对于理解都市发展的复杂性是非常重要的,因为这里面涉及的东西远多于单纯的重建一座被摧毁的公寓大楼。因此建筑师决定将这个规划细分为3个章节,重建或者不如说是新建一个之前不存在的街区,在街区中央"隐藏"一座106米高的建筑。相对于本书中展示的以柏林Kudamm-Karree大楼(见第54页)和汉诺威北德意志联邦银行大楼(见第55页)为代表的这一类型的其他建筑实例——中央空间并不是对公众开放的,但对于城市街

从左上开始按照顺时针方向:从Giuseppe Missori广场见到的罗马门景色。

带有塔楼的Piazza Velasca及其前方和入口的景色。Via Larga可以在左手边的背景中看见。住宅角落街区属于同一发展规划的部分。

前部建筑的底层是透明的,以适应零售使用需要。建筑的第二层是与塔楼实际体积空间连在一起的。

上图：塔楼展示了其满足米兰历史格局的不同寻常的容纳量。

右图：从Via Larga看到的Torre Velasca及其一个角落建筑。

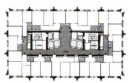

比例1:1250，典型办公室平面布局图，位于塔楼较低楼层和较薄的部分。

比例1:1250，塔楼顶层的复式住宅中的下层。

道网络是开放并被包含在其中的。考虑可以容纳具有大量需求的居住空间的建筑特性，也是获得管理阶层对之前赞助的项目继续支持的原因。在现有都市建筑留下的边缘中建造，按照逐级建造的大型社区的形式差不多可以有14.2万平方米的总面积可供修建，虽然高层建筑方案与大教堂保持着令人瞩目的距离，却能带来一种更加有意思的结果。

与这座历史悠久的城市的布局做的类比可能很容易就被过分解释。然而，与这座建筑在建筑美学方面的激烈讨论一样，那么最具幽默感的是如果这不是采用的敌对策略——塔楼被放置在一个新建街区的中心，那么对于其他现代建筑师来说就这无疑是非典型的处理。这对于像1935年的BBPR、CIAM团体中的成员等来说尤为如此。Giò Ponti在同时代建造的倍耐力大楼，像一把剑一样倾斜着，紧邻米兰历史核心区域外的火车站；这是一个极好的反面例子，因其以一种非常挑衅和开放的方式与周边空间进行比较。例如塞纳河前区（见第136页）和拉德芳斯（见第178页）等一些同一时期的巴黎实例则更为激进，将塔楼放置在历史城市之上的人造基准点中，从而避免了类型嵌入的问题。

建筑学

同样，这座建筑的混合使用功能并不是全新的：许多早期的美国高层建筑和欧洲少量现存的高层建筑都将远多于战后大部分建筑实例所具有的功能包含于其中。但是不同寻常之处在于这种混合建筑的外表表达方式不同。建筑师对此的官方解释是较低楼层的休息区受到底层节省空间的需要（见玛丽斧街30号，第32页），以及较低办公楼层6米的宽度不能满足上部楼层住宅区域需要的假设的影响。但是可以猜测这相当功能化的解释掩盖了一种抒情和意境手法，这可以参考之前已经提及和分析的中世纪防御塔楼和大教堂的邻近建筑。对于建筑围护结构的处理也遵从这些理念，根据现在的设计准则理论来说，建筑夸张的表达很难从外形上被误解成为对哥特建筑物的参照。对表面的处理则采用了相当小的窗户，并使用了一些与周边较老建筑采用同一材料制造的混合表面嵌板，从而补齐整个场面。最初建筑师是规划修建一座钢铁建筑，但由于经济原因改为钢筋混泥土结构。在众多灵感之中，Auguste Perret对于这座建筑材料的早期实验性工作看起来对这些意大利建筑师有很大的影响。

同样令人瞩目的还有在最上面两层楼层的住宅中采用了复式类型。或许是想通过塔楼周边的休息区来促进和验证这种对于正式建筑精品的创造，他们可以被理解成是对平等的现代准则的否定，这或许会引起批评家认为伦敦大本钟是对本塔楼的一种轻蔑参照的想法。这一观点与在高层建筑中生活在欧洲仍然是非常罕见的现象的事实紧密联系在一起，在随后的两个世

Giò Ponti设计的倍耐力大楼，位于米兰主要火车站前面。

纪中欧洲的高层建筑更多的是与社会性住宅而不是私人住宅联系在一起的，这与美国的情况相反。

总　结

　　第一眼看去，这座建筑与其周边环境非常适宜：是如此的适宜以至于难以分辨出大楼的年纪。根据读者的爱好和品位，这种特性可被视为正面或者负面属性，但在任何情况下它都能表明高层建筑在特性和氛围的形式上能达到什么样的效果，虽然这很稀少。如果这座塔楼经常被理解为一种忧虑的元素，如果没有对传统都市纹理造成破坏，Torre Velasca将以更加微妙的辩证法存在于其周边环境中，间接地引出了为什么这座战后塔楼采用的形式和材料总体来说是沿用这种均匀途径的问题。在结构强度法则的狭窄限制中，之前提及的对于塔楼整块垂直挤压形式（臭名昭著的"盒子"）的否定会导致产生对这个最近越来越受重视的设计方案的挑战，尤其是因为整个项目不断增加的规模和功能多样性。

　　与其他在高层建筑历史中的里程碑建筑不一样——例如纽约克莱斯勒大楼或施格兰大楼等迅速成为全球为数众多的翻版建筑的前身——Torre Velasca的重要性是基于它不同寻常和至关重要的特性，而不是其作为模特的角色。

Torre Velasca大厦

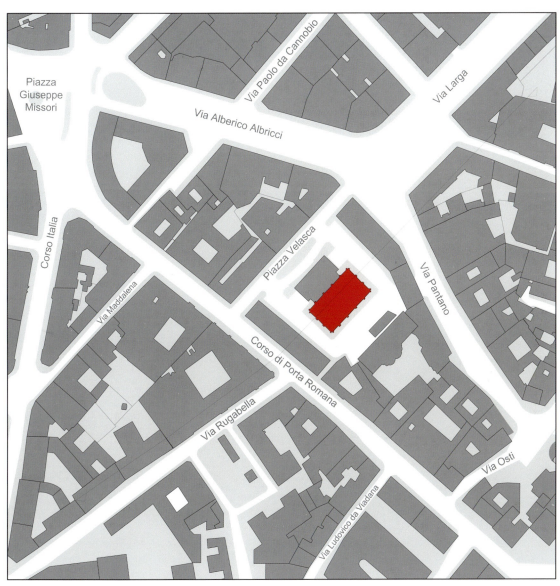

城市平面图，比例1:2500。

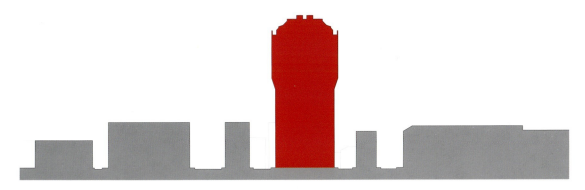

城市剖面图，比例1:2500。

Kudamm-Karree 大厦

地点：德国柏林
时间：1969—1974
建筑师：Sigrid Kressmann-Zschach

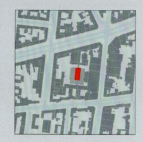

 这是由光彩夺目的女建筑师和企业家Sigrid Kressmann-Zschach亲自设计、更改和建造的，这项40000平方米的综合建筑规划包括了一座20层的塔楼，一个汽车停车场和一个零售商店街道网络。最后一个元素从中央位置的塔楼到街区周边的4个方向上都提供了行人通道，而这些正是典型的世纪末住宅大楼所必须包含的。Kudamm-Karree主要是因其两个在20世纪70年代重建规划中处于显著地位的历史剧场而知名。从外部几乎不能进行区分，这个不同寻常的高层建筑方案代表了一种"反标志性"方案，高度在这其中看起来仅仅是因为需要更多的空间。爱尔兰开发商Ballymore买下了这个场所，目前正与英国建筑师David Chipperfield一起进行重建开发。

北德意志联邦银行大楼

地点： 德国汉诺威
时间： 1996—2002
建筑师： Behnisch 建筑工作室

这个75000平方米的银行开发项目覆盖了汉诺威市中心的一个大型的都市街区，包含了一个带有一座中心更加复杂更加有趣的70米高塔楼的严格正方形的建筑物。公众可以通过大量的角落开口进入这个光滑街区的内部庭院以及其中的零售店、餐厅和咖啡馆。它受到作为城市最繁忙交通干道的Friedrichswall的鼻部的遮挡，并且被设计成一个在城市中心的多样活动和规模之间差不多是过渡带的绿洲。主街道的巨大宽度也解释了塔楼在都市环境中超强的能见度，而不需要考虑其受保护的中心位置。

国王塔

单一建筑：双塔式高楼
地点：瑞典斯德哥尔摩北城
时间：1919—1925
规划设计师：Sven Wallander，基于1866年Albert Lindhagen的规划
建筑师：Sven Wallander（北楼），Ivar Callmander（南楼）
客户：AB Norra Kungstornet（北楼），AB L M Ericsson（南楼）

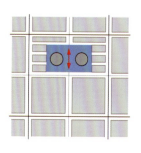

类型分类：双塔式高楼
建筑高度：60米
建筑覆盖率：91%
容积率：6.84

虽然更多是因其绝对的水平地理情况而出名，但瑞典同时也是欧洲第一座"摩天大楼"的家。在现代主义运动之前就已经开始规划了，斯德哥尔摩的新古典主义建筑国王塔展示了一种很罕见的高层建筑结构能够按照一种和谐的方式满足19世纪都市生活的例子。

历史/发展过程

这项雄心勃勃的计划的最初提案要追溯回19世纪中期，该城一直在努力尝试让这个国家的首都加速现代化以达到它所在的欧洲大陆相邻国家的水平。在1866年，律师Albert Lindhagen为这个位于小型Stadsholmen岛上的城市起草了一份覆盖旧城区南北端的长期扩展计划。这个都市发展的本质需要被放在瑞典延迟但转变了的工业化进程的背景中考虑，这一过程的后果是斯德哥尔摩的人口从1856年的10万人增加到1884年的20万人，并在1900年增加到30万人。这项庞大工作的复杂性，加上技术、法律和经济方法的缺失，导致了这项计划的延迟实施并被明显地修改，但它依旧是该城市直到20世纪中期最具影响力的规划计划。Lindhagen并不是这个规划背后的唯一推动力量，但他还是对为起草随后颁布的明确规定了街道宽度和建筑高度之间关系以及新住宅公寓最大容积覆盖率的建筑法规有所贡献。有关对容积覆盖率的限制是被设计用来避免出现柏林风格的"租赁工棚"，即那种一座带有极小的小型及黑暗内部庭院的大型住宅建筑。

1866年规划中的南部部分中的一半因为受到了Brunkebergsåsen大桥存在的影响而无法实施,那是一座实际上导致了Norrmalm区和Östermalm区分离的南北向大桥。为了穿过这些已经建成的高密度区域,Lindhagen设计了一个新的街道网络,其中Kungsgatan是主要的东西向枢纽,而南北向的Sveavägen则是城市新的主要大道。Sveavägen大道从未按照这个计划建设,正好穿过这座大桥的Kungsgatan大道则在1911年才投入运行使用。该地区的出售以及伴随新挖掘出的交通枢纽旁的建筑的修建非常缓慢,或许是因为其被降低了的地位所致。许多年来,这里都只是Stureplan公共广场周边一个展示了任何在建力量的区域。在Regeringsgatan和Malmskillnadsgatan的两座高架桥(后者具有两个塔楼构架的特征)则是Kungsgatan穿过Brunkebergsåsen大桥的结果。

都市形态

年轻的建筑师Sven Wallander在1915—1917年为斯德哥尔摩市规划委员会工作,在这个职位上,他负责在Lindhagen差不多50年前的观点基础上为Kungsgatan提出一个总体规划。顺着将Norrmalrn区南北部分连接在一起的高架桥,Wallander可以看见一个包含两座塔楼和多座6层高楼的新古典主义效果场景。将严格对齐的低层建筑的垂直元素与其水平影响结合在一起,这样设计可以产生一种纪念碑式的效应,并能够象征着斯德哥尔摩作为现代及新出现大都市的抱负。除了一些微小的调整——例如最终决定并没有包括顺着低层建筑底层的连续柱廊——这项计划在1919—1925年得以实现,那时Wallander为了开创他自己的事业刚刚离开规划委员会。

建筑的最终结构在许多层面上都是令人惊叹的,展现出一种欧洲高层建筑的固有都市类型,能够补充战后时期及其激进干预的通常是谨慎的反都市化场景。以国王塔为例,修建高楼的决定既不是受限于象征性考虑,也不是因为对成本效率的空间供应的追求,但就本质上来说这种垂直性有助于从美学角度来满足在现有都市格局中插入一座高架桥和一个永久的交通动

左下图:
Malmskillnadsgatan大楼北面的景色。

右下图:向下进入国王塔的楼梯。

左图：北楼的3层基座及其与高架桥的连接口。

左下图：作为国王塔反例的高层建筑Högtorgshusen的激进的现代板式住宅，在照片右边的背景中可见。

脉的形式需要。Wallander做出修建一座双塔式建筑而不是一座单一塔楼的决定更是进一步支持了这一尝试，他将国王塔同时作为Kungsgatan的主要大门以及垂直其之上南北向大道的路标。在斯德哥尔摩仅有的少量高层建筑中，这座塔楼今天仍然是现有都市景观中的突出标志，从靠近斯德哥尔摩的海面上可以很清晰地看见。

建筑学

沿着Kungsgatan的这座双塔式高楼及其低层建筑是一种建筑风格的极好实例，这种风格大致在1910—1930年期间受到斯堪的纳维亚建筑强烈的影响，通常被称为"斯堪的纳维亚古典主义"。作为新古典主义更本国化的观点，它从民族浪漫主义运动或者新艺术主义开始发展，终于功能主义运动和现代主义运动的初期，以

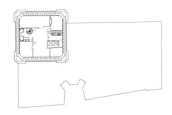

比例1:1250，建筑顶层第15楼的平面图。

比例1:1250，南楼带有高架桥入口的底层平面图。

1930年斯德哥尔摩博览会的召开为标志。随后又被20世纪七八十年代期间盛行的后现代主义运动重新发现，它最著名的代表人物包括Swedes Gunnar Asplund、Sigurd Lewerentz和Dane Kay Fisker。

从规划的角度来考虑，比建筑风格更加相关的是城市当局在建筑形式规定方面的极高参与程度。在都市发展方面强烈的公共控制表明了斯德哥尔摩在规划政策方面的一个新脚步，以及通过在承包商对其建造的建筑承担的责任方面相当严格的规定来表达一种确保建造质量的明确意愿。在这个特定例子中，双塔式高楼都有其私人顾客，但都是在城市所有的土地上进行修建的。

Wallander他自己完成了北楼的建造，但是第二座塔楼则交由建筑师Ivar Callmander施工，从特性上来说确实存在一些空间和风格上的区别。自从1915年的总体规划阶段以来，许多观点都被调整了，最终塔楼的高度高于之前的计划——那正是Wallander所希望的。他的塔楼最初是被当作单一塔楼的，但当入住者自主决定将总部迁移到国外时，塔楼的内部分配就被重新调整了。由于在建筑顶层决定容纳一个3层楼高的餐厅，这个最后时刻的改变也是必需的，当然这个餐厅现在已经不存在了。Wallander在连接国王塔和Malmskillnadsgatan的外部楼梯的上层路旁边设计了喷泉和大量的植物景观。

总 结

国王塔在欧洲都市历史中是与众不同的，因为它很明显不像是从19世纪欧洲城市的同一风格中剪切下来的，但它又无缝隙地融入斯德哥尔摩背景下的都市格局中，完全不像它的后继配对建筑那样刻意表达出对过去的破坏。

由Ivar Callmander设计的南楼，展现了斯堪的纳维亚古典主义。

塔楼类型的发展与住房问题紧密联系在一起，经常是将其用作板式住宅而不是尖顶塔楼，前提是如果建筑周边被绿色开放空间所围绕的话（例如马赛公寓项目，见第134页）。另外一种类型则是在法国非常盛行，它将高层建筑与大型底座结合在一起，例如巴黎的塞纳河前区（见第136页）或者蒙帕纳斯大厦周边，或者在拉德芳斯这类的城市郊区（见第178页）。Högtorgshusen（见第58页）是一个带有5座并排板式住宅的大型相邻发展项目，这是底座结构的一个极好的本地实例，如果不考虑它的建筑价值，它清晰地展示了与更具生物进化性质的斯德哥尔摩都市格局形成鲜明对比的条件下插入一座建筑的诸多困难。相反，国王塔则与早期的美国传统更加一致，高层建筑成长于传统城市并且绝大多数导致了人口密度的增加（这与现代主义者对塔楼的看法相反），纽约和芝加哥就是最好的例子。不考虑场地和布局结构的差异性，与这些在都市风景方面的美国前辈一个至关重要的区别是瑞典的水平风景和建筑传统。从这点来考虑，国王塔就具有两重含义，即作为一个不同寻常的都市情况下的一个独创性标识，这是由城市当局而不是私人投资商策划的。形式上的相似点可以在里昂附近同样是公共性质的维勒班项目（见第94页）和柏林的法兰克福门大楼（见第130页）中找到，但是这些项目没有一个达到如此程度的整合度。

国王塔

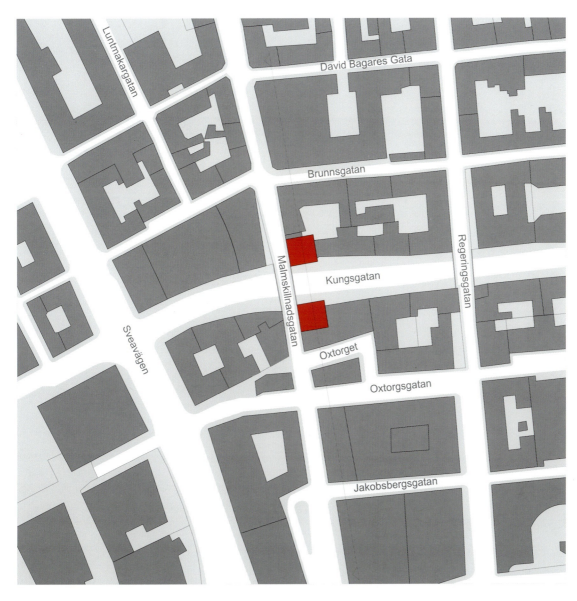

比例1:2500,城市平面图。

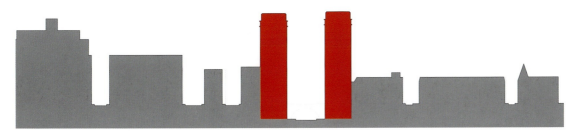

比例1:2500,城市剖面图。

百丽城市广场大楼

地点：美国伊利诺斯州芝加哥
时间：1959—1964
建筑师：Bertrand Goldberg

　　该大楼受到建筑协会的资助，建立在芝加哥河边一座3层楼高的基座上，其著名的发展规划不光包括了带有巨大尺寸阳台的两座住宅塔楼以及著名的垂直的多层停车场，同时还包括一座中等高度的酒店以及一座马鞍状的音乐和歌剧大厅。由于地点的狭窄程度，这4座大型规模建筑，并没有获得与那两座作为河滨上天际线主要构成者的塔楼的底层极为光亮地营造出的和谐一样的效果。这两个"玉米棒子"熟练地相互模仿着河流在附近的弯道。这个壮观的混合功能建筑项目被打上"城中城"的标记，它是对于振兴市中心的初步尝试，防止中层阶级向郊区迁移，这是通过提供零售商店、餐厅、办公室、电视演播室、健身馆、溜冰场、游泳池和散步道来实现的。与本类型中的其他两个实例不同，百丽城市广场大楼并没有形成一个入口情形，它可以作为双塔式高楼广泛群体一个标志性的实例。

欧洲之门（Kio 塔楼）

地点： 西班牙马德里
时间： 1989—1996
建筑师： Philip Johnson/John Burge

距离马德里历史中心大约5千米的距离，欧洲之门成为顺着城市向北的延长线（即卡斯蒂利亚大街）上的一个战略点。通过这两座塔楼的倾斜，围绕交通环岛的新开发区域成了马德里市主要的北面通道。这个倾斜塔楼在建筑上的创新性表达了对俄罗斯构成主义的赞颂，建筑师通过为了暗示出这个大门的都市含义而使这两个垂直物体在物理上尽可能地靠在一起的方式对此进行了解释，这在之前的城市总体规划中是不可想象的。若干地下通道的存在以及场地周边地下的地铁给施工带来了许多技术限制，使得建筑师不得不在宽阔的大道和塔楼的基座之间附加额外的距离。

东京都政府大楼

单一建筑：整体建筑中的塔式高楼
地点：日本东京西新宿
时间：1988—1991
建筑师：Kenzo Tange
客户：东京都政府

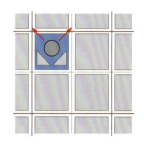

类型分类：整体建筑中的塔式高楼
建筑高度：243米
建筑覆盖率：64%
容积率：8.86

  东京都政府大楼复合体的中心元素是东京最高的塔楼，建筑本身也带有多种象征意义。它的都市形式是清晰的但又是非常不同寻常的，对西新宿商业区的网格布局产生了挑战。

历史/发展过程

  与池袋和涩谷一样，新宿是1958年日本首都地区发展计划中一个新的城市副中心的指定区域，以满足这个首都在经济、政治和文化功能方面多节点发展趋势的需求。因为修建在世界上最繁忙的火车站附近，连接着地铁线与JR（日本国铁）以及若干私人铁路线，新宿区随即成为这些城市副中心中最大的一个，在千禧年年末时在零售商品流转和办公室总面积方面创下了东京的最高纪录。地铁站及其铁路线将这个区域明显地分割为两个主要部分：因为娱乐和购物活动而知名的东部历史较久远的部分，西部（仁志）则骄傲地展示了日本在高层建筑方面对曼哈顿的回应。东部和西部的分割被火车站西边的一些大型零售商店给减弱了，几乎有着一样的滑稽质量：每个晚上"白领阶层"大军在开放式办公室区中的朴素，对比着位于铁路线另一端的灯光闪烁的、通常是被邪恶的及主要的黑社会控制的歌舞伎町红灯区。但是，这种特性是有其历史渊源的：在德川幕府时期（1603—1868），新宿已经成为人们在进入城市之前寻找放松娱乐的地方，那时这座城被称为江户城。在第二次世界大战之后，这里成为东京最大的黑市交易场所。

  该地区的第一个高层建筑京王广场饭店从1971年开始建造之后的很长一段时间，市政厅从丸之内迁移到西新宿仅在

从同是由Knezo Tange设计的新宿区公园塔楼上看到的东京都政府大楼的景色。

1991年时发生过。这是在1979年至1995年期间，东京市长铃木俊一主导的一个宠物计划。

都市形态

西新宿按照总体规划将成为一个现代的高层建筑区，这并不是历史区域重新发展过程的结果。它的所在地之前曾是一座自来水厂。大孔洞和规则的宽阔街道布局将其界定成为一个大型的正方形区域，这通常与单一所有权的规划不谋而合，其中含有一座尖顶塔楼或者一座非常大型的高层建筑。这些建筑中有超过30座的高度都超过100米，其中许多建筑的顶部都带有对公众开放的观景台和餐厅。如果说这些并排相连的大型建筑的布局与浦东-陆家嘴（见第170页）的都市生活含有相似点，那么这些办公室和酒店区的主要特性则在于东西向大道和南北向大道之间的建筑高差。设计通过将交通灯最少化的处理来促进车流和运输能力，这种复杂设计的结果对于公共领域和人行街道来说则是矛盾的，并不能掩盖其在20世纪60年代的初衷。这种体系甚至还可以被视为对于例如巴黎或者拉德芳斯（见第178页）那种欧洲或者美国基座-都市生活（相比于塞纳河前区，见第136页）更加温和地替换，也因此产生了类似的空间和问题。位于东京都政府大楼西边的新宿中央公园是整个规划中的重要组成部分，同时也在温和地提醒一个事实，即由于再发展带来的压力，城市最初打算采取的城市绿化带政策最终被放弃了，这一政策受到Patrick Abercrombie在1944年为伦敦所做规划的影响。

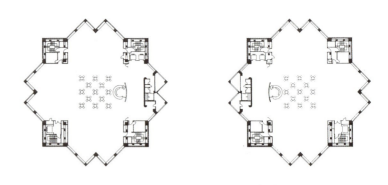

建筑学

Kenzo Tange也是在丸之内区的前市政厅设计师。他是日本最具影响力的现代建筑师，其职业生涯从1949年赢得广岛和平纪念博物馆的设计开始。

完成了无数成功的建筑作品，与包括黑川纪章在内的同事一起成为代谢运动的奠基者，Tange的设计师在36年之后又赢得了如同古埃及法老王项目一样的新市政厅项目，该项目打算在市政府所有的大约42.5万平方米的土地上规划出3个街区。他的提案是在3座建筑体及其各自都市街区之间建立起一个明显的等级制度：首先是主要和最高的带有两个标志性双塔楼的

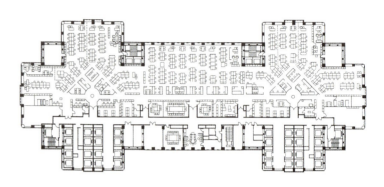

比例1∶1250，典型的顶层平面图。

市政厅综合建筑附近的建筑高差的近距离展示。这些建筑甚至延伸进邻近的公园中。

建筑,其次是被调整为周边建筑平均高度的中层建筑,最后是像礼堂这种一个被柱廊围绕起来、位于主要建筑前方的低层建筑。由于比他其他大部分作品的复杂性更大,Tange采用了历史参考方法,而东京都政府大楼综合体的产生则属于代谢主义和后现代主义影响下明确的日本式的混合。虽然塔楼的顶层很难不让人联想到以巴黎圣母院为知名代表的哥特教堂,但是基座采用护城河和空白城墙的处理被一些人解读为是对日本传统城堡的建筑化暗示。最重要的是礼堂的都市姿态传递出对罗马圣彼得广场的现代版的表达。

总　结

Tange技术高超而充满机智的提案并没有限制在一个后现代主义暗示中,反而是展现了对于都市形式和公共空间策略的批判和分析,无论这是否是他有意为之。在这种背景下,这个广场不仅是传统城市的一种建筑元素还是一种都市规划元素,面对着整个新宿区这种现代的以汽车为主导的都市化进程。这个地下空间稍显奇怪的氛围以及其与主要建筑之间复杂的多重关系,强调了而不是解决了之前提及的布局行人街道问题。通过对一个内部广场进行限制而不是对周边公共区域开放,Tange有效地重新定义了这个作为建筑特征的都市空间,一个未经掩盖的大厅而不是马约尔广场。事实上,对于圣彼得广场的暗示及其充满挑衅意味的柱廊,因为与市政厅不同,这个罗马的参照物是属于上千千米

从左上开始按照顺时针方向:进入礼堂内部的南部通道。在新宿区,为了优化交通流量而将南北向大道抬高。

从新宿区一个主要大道附近的停车场看到的景象。图中最左边是Mode学园虫茧大厦,这是由Kenzo Tange的儿子(Tange合作公司)设计的一座大学塔楼。

位于市政厅主要入口之下一层的广场,它被附近的礼堂建筑及其柱廊所环绕。

长的巴洛克式大道的一部分，其终点是一座在尺寸小得多的周边建筑背景下的巨大尺寸建筑——圣彼得大教堂。在新宿区布局中就不是这种情况，把公共空间归还给它自身的决定可以被理解为这种多层级布局的无能，或者建筑师拒绝创造出一种欧洲风格的公共空间——这在日本和亚洲城市与公共领域非常不同的关系上是很好理解的。这个项目的迷人之处在于其最终是基于对开放的不连贯标志的使用，混合了经典的美国布局以及非常欧洲化的、受到CIAM启发的对流通层次的分离，这种分离还带有日本、法国和意大利的建筑元素。对于代谢主义影响的暗示或许可以通过在上述提及的将公共空间合并进一个容纳超过1万名公务员的超级高楼建筑计划中看到。相比于它与地面的连接以及它与周边建筑的关系，看起来这种有机化布局的完美运行及其他的潜在灵活性和潜在发展度，对于其长远发展具有更大的重要性。

因此从实现这个独创性高层建筑区域的都市质量的角度来看，在空中创造外部空间远比在地面创造更值得重视。这里的建筑顶层对公共的开放程度远大于世界上的其他主要商业区，这几乎已经成为一个通用原则，通过这些场所将通常只存在电视屏幕或者书本虚拟现实中的景色能够跃然于公众眼前。

东京都政府大楼

比例1:2500，城市平面图。

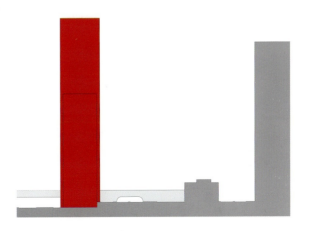

比例1:5000，城市剖面图。

蒂森汉斯公司大楼

地点：德国杜塞尔多夫
时间：1957—1960
建筑师：HPP（Hentrich-Petschnigg & Partner）

蒂森塔楼（或者Dreischeiben-Hochhaus，即"三盘摩天大楼"）与Schauspielhaus（大剧院）、Gustav Gründgens公共广场、被称为Tausendfüssler（"蜈蚣"）的抬高了的高速公路以及宫廷公园一起形成的这种极度优雅和坚定的现代建筑合奏，可以作为战后德国都市化进程的极端案例。第二次世界大战期间炸弹轰炸对杜塞尔多夫造成的大面积的破坏，现在变成了都市革新的机会，在穿过战前都市布局剩余区域和城市主要公园的地方，新建了一条名为Berliner Allee的新的南北向交通动脉以及一个壮观的高架区段。剧场仅在1970年开放过，其弯曲的形式被认为是对这个塔楼共享柱廊的明确定位。对于这个常见的现代主义盒子外部的思考的一个早期尝试，则是认为这个计划最初仅仅是这个同样赢得这个任命的建筑师的替代方案。没有处在为早期建设方案提供建议的位置上，这是Helmut Henrich的幸运，他随后获得机会去美国向例如Skidmore建筑事务所的Gordon Bunshaft、Owing & Merrill等明星建筑师咨询有关他方案的意见，当然顾客也同样在场。由于受到Bunshaft的赞扬，顾客几乎没有选择只能同意接受替换方案。

联合国总部大楼

地点：美国纽约
时间：1949—1950
建筑师：Harrision & Abramovitz（由国际设计团队提出构想）

1926年日内瓦国际联盟大楼建筑方案竞标的糟糕结果使其建造受阻，这个新的"和平工作室"的组织者决定直接任命一个由12位建筑师组成的国际设计团队来精心构思一个激进的现代设计。Le Corbusier和Oscar Niemeyer在最终设想的形成过程中做出了特别的贡献，但这些建筑本身的细节问题主要还是由总顾问Harrison & Abramovitz（一家成立于1945年的公司，它的前身是Corbett Harrison & MacMurray公司——代表作是洛克菲勒中心大楼，见第88页）负责。其结果就是在激进的欧洲现代主义和严密的美国建筑文化之间产生的一种让人着迷的混合物。在都市嵌入中可以感受到一种有趣的紧张，这个地点所具有的适度的范围使得这个"公园中的板式建筑"重新配置进入曼哈顿网格的逻辑中。最终，哈德逊河的河水和市中心的天际线结合在一起，使得Le Corbusier对建筑的定义具体化，这个概念在他1923年的开创性作品《走向新建筑》中提出来，即"物体在阳光之下的一种巧妙的、正确的、华丽的运用"。

标准酒店大楼

单一建筑：基建项目中的高楼
地点：美国纽约
时间：2008—2009
建筑师：Ennead 建筑事务所（前身为 Polshek 建筑事务所）的 Todd Schliemann
客户：André Balazs 财团

作为高线公园的一个指示牌同时也一个后果，曼哈顿肉类加工区的标准酒店大楼利用了一个非常不规则得都市环境。之前被认为是这座城市的一道伤痕，这种所谓的障碍条件却成了标准连锁酒店对追求特殊解决方案的完美支撑。

类型分类：基建项目中的高楼
建筑高度：71米
建筑覆盖率：80%
容积率：5.30

历史/发展过程

当André Balazs买下这个地方时，这个位于曼哈顿下西区的历史上的肉类加工工业区从衰败的红灯区到纽约最时尚的一个购物街区和夜生活热点区域的快速转变正在全面进行。有关将建于20世纪30年代而在1980年停止使用的高架铁路货运轨道转型为线性运动场的计划已经策划了许多年，虽然还没有任何事情是得到官方认可的。因而今天标准酒店大楼的场地，像许多其他的高架铁路货运轨道周围得场地一样，被认为是一种城市萎缩的结果。但是Balazs实现了它特殊的潜能，被矮得多的受保护的建筑所包围，本身已经达到固定的最大FAR（建筑系数），但是没有高度限制。在水平线之上的一个潜在建筑既没有被其所有者——CSX铁路公司也没有被政府认真考虑过，其结果就是在这种情况下没有任何现有规划得限制。另外，Balazs的提案并不需要与共有财产建筑者进行竞争，因为这种使用是被当地分区法律所禁止的。

很久之后直到2005年的11月，由当地利益集团发起的高线公园修建计划才被通过，相关法律保留了由CSX公司上交给市政府的铁路和土地。这个项目发展势头迅

标准酒店大楼　　　　　　　　　　　　　　　　　　　　　　　　73

右图：主要部分的扭曲形式生动地表达了建筑所在的非常与众不同的环境。

下图：酒店前面带有外部座椅的入口。这属于用来展现地区货仓文化暗示的新建筑底层设计中的一部分。

猛。这个受到巴黎东部"绿荫步道"项目启发的设计方案交由风景园林师James Corner的实践领域操作公司和建筑师Diller Scofidio + Renfro一同负责。这个项目的实施前提是所有权归政府，这就排除了在它之上进一步建造其他建筑的可能，保证标准酒店大楼具有其独创性的特殊地位。

都市形态

这个地点必须与曼哈顿街区网格联系在一起，其独立于高线区，它在这个网格中具有特殊的地位，即委员会1811年规划中的西南边缘。因此它反映了曼哈顿前卫的造型，就像它标志着从岛上南部较老部分的若干街区到遵从空间统一模式的北向延伸区域之间转变的顶点。

由于它的位置处于正交几何形的拐角处，轨道对地点的影响就格外显著。相比于朝向30号大街线路上得其他大部分地点，它并没有与它们垂直相交显得整齐，而是以一种倾斜的方式呈现。相比于典型的曼哈顿布局，采取这种特定布局方式的关键原因不是因为它过小、过窄和过深，而是因为其过大、过长以及与这条街道平行。

有趣的是，这种形式对于酒店的建筑来说格外恰当，因为它让建筑后方和服务区域的存在最小化了，这些区域对于追求空间高效的临时住宅来说并没有什么意义。在住宅或办公室的建造中不需要采用这种同样的方式，这些建筑中的大部分面积并不需要直接与外部相连。由于塔楼被抬高以及周边建筑相对低的高度，标准酒店的顾客基于简单的类型学原因就可以看

从左上开始按照顺时针方向：沿着高线公园南部的入口。

基座与抬高部分西部之间的酒店阳台。

将现代建筑语言与坚决的非简洁抽象方法结合起来的建设项目。

到一种独特的风景，即带有庭院和街道定位的正方形街区，这种景色在市中心上西区周边街区中是不能见到的。这座玻璃板式建筑的扭曲形式强调了这一事实，看起来如同一个解放的姿态。

值得一提的是对该地点非典型几何形式的探索并不是从一开始就很明显，即使建筑方案现在看起来或许是很明显的选择。在Balazs购买这块土地之前，其他的开发商精心制作了一个提案，该提案充分利用高度限制的缺失，侧重在这个小部分场地上潜在建筑的总数，与铁路相邻而不是在其之上。虽然这是由知名建筑师Jean Nouvel提出的，但这个计划因为受到当地社区的批评而在一开始就被放弃了。

建筑学

很难相信这座大楼最终完工于2009年，许多文章都将这座新建筑（错误地）描述为一个简单的革新。第一眼看去，南段玻璃表面及其混凝土结构或许会让人想起联合国总部大楼（见第71页），那也是坐落在一个类似的非典型地点附近。极为正式的设计参考了20世纪五六十年代的现代主义并不是巧合，而是设计纲要中的一部分，以及顾客将城市视为一个和谐但同时又突变的整体的这种建筑和都市文化偏好的结果。对Balazs来说，最理想的是找到一座老旧的大楼，然后转变和改善它。但这不是一个可选方案，因此这个项目就人为地制造出这种影响，按照有趣又非教条的方式对其进行转变，将Morris Lapidus理想精神的现代残骸融入当代酒店中。在这个充满参考和暗示的技巧游戏中，建筑师将一些已经确定了的问题表达为一种"平均"现代主义结构的典型缺点，例如过于简单化的形式、镜面玻璃、毫无吸引力的天花板以及不连贯的室内阴影。特别是最后一点，在明亮发白的玻璃墙后选择了简单白色的窗帘，显示出改变和提高建筑历史的强烈愿望，并解决常常出现在典型现代公寓大楼中由个性化窗帘带来的美学上的不适问题。按照一种类似的精神，但更加直接地与地方历史联系在一起，底层及其入口区域在采用的底层架空柱形式下看起来就像变形了的仓库，极力避免整体结构的印象，突出由抬高的高线公园道路造成的垂直分层。

从经济角度来看，这种将狭窄楼层与玻璃表面的有效结合能够有助于完成设计中至关重要的任务：在一个可承受的价格下创造出最大可能的营利能力，这是曼哈顿标准一种不常见的结合。为了达到这个目标的方案将最大的区域转变成可以进行租赁进而获得回报的空间。这种唯利是图的设计缩减了房间空间，并以极好的光线条件和对整个城市壮观景色的领略为代价。

总　结

与夏德伦敦桥（见第78页）不同，又类似于巴黎的德克夏银行大厦（见第79页），标准酒店大楼与基建项目的关系是与这个可能在都市格局中造成伤痕的基建联

比例1:1250，高线公园剖面图。

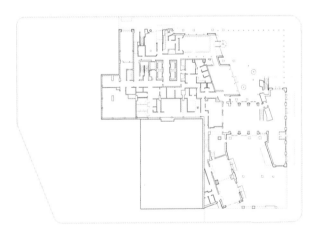

比例1:1250，底层平面图。
这个规划在高线公园之下的各个方向上都有所延伸。

比例1:1250，高线公园上部楼层平面图。

系在一起的,而不是与运输能力和旅客流量这种潜在有利话题联系在一起的。如上所述,这种空间上的例外在某些特定用途上可以获得类型学上的优势。在这种情况下,它是作为酒店使用的,它相当特殊的空间规划看来是获益于典型曼哈顿街区的替换方案的。这是一个历史上非常有趣的观察,因为酒店在纽约住宅高层建筑的早期发展中占据了非常特殊的地位,虽然其中法律因素高于类型学因素。在19世纪下半叶,建筑限制被认为只考虑到针对穷人的住房,国家首次于1867年颁布的经济公寓住宅法律对任何建筑的高度都进行了限制,这些建筑包括带有3层及以上的居住出租房,每个楼层有两个或以上的独立居室和厨房。这种理论上的定义还包括了豪华住房,这些发展迅速的住宅街区的开发商因此尝试寻找法律漏洞,通常宣称这些公寓是"公寓式酒店"。这种情况最终因为1929年颁布的群租法而改变,其对所有住房类型进行了统一管制。但同时,这种公寓式酒店的重要性并不仅限于这些法律上的考虑,这种酒店式服务的准备有利于吸引那些之前习惯于居住在上流社会家庭别墅或者独立式宅邸的富裕顾客。

标准酒店大楼

比例1:2500，城市平面图。

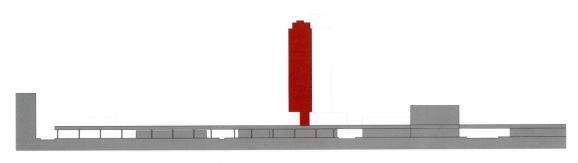

比例1:2500，城市剖面图。

城市高层建筑经典案例

夏德伦敦桥

地点：英国伦敦
时间：2009—2012
建筑师：Renzo Piano 建筑工作室

之前被称为伦敦桥塔楼的夏德大厦，目前是欧洲单一建筑中最著名的建筑工地，预计于2012年完工。它的设计受到玻璃碎片的启发，305米的高度使其不仅是欧盟国家最高的建筑，更重要的是重新定义了伦敦的天际线，成为泰晤士河南岸第一座主要塔楼，而目前整个城市所有最知名的塔楼都位于河的北岸。它取代了一座20世纪60年代的塔楼，几乎直接坐落在带有两个绕型线和大量铁路服务的伦敦桥车站线路之上，每年为超过5千万的乘客服务。塔楼的结构伴随着整个区域的重生，另外一座中层建筑将会最终完成这项规划。塔楼会包括办公室、酒店、公寓、餐厅和观景平台。通过它的基座，可以直接进入交通运输网。

德克夏银行大厦（前身为 CBX 塔楼）

地点：法国巴黎市郊的拉德芳斯
时间：2002—2005
建筑师：Kohn Pedersen Fox

这座壮观的大楼位于繁忙的环形绿荫大道交通岛上的"非地点"，它展示了高层建筑是如何在对低层建筑来说完全不适合的环境中创造价值的。这里的场景特别复杂，因为入口水平线不在塔楼底层，而是与拉德芳斯平台的抬高高度保持一致。因而这座建筑执行了一个附加功能，即成为连接主要人行空间和扩展商业区北部延伸部分的公共路桥中截面。由于缺乏任何建筑入口通道或者外部空间，这个塔楼截面的一部分不得不抬高以包含一个开放广场。通过壮观的圆柱体形成的这种姿态，强调了这座塔楼的优雅和无重状态。

Tour Ar Men 大楼

单一建筑：模块式高楼
地点：法国巴黎
时间：2008
北马塞纳广场总体规划者：Christian de Portzamparc
建筑师：Pierre Charbonnier
客户：ARC 促销公司

类型分类：常见的模块式/商业式高楼
建筑高度：36米
建筑覆盖率：80%
容积率：5.18

遵循着Christian de Portzamparc对于"îlot ouvert"（开放街区）的理想，这座尺寸适度的塔楼位于巴黎的北马塞纳广场，它显著地平衡了周边街区的位置与这项独立式项目的优势。而这正是这个规划的设想。

历史/发展过程

北马塞纳广场区域是巴黎最大的市中心发展区（130公顷）中的一部分，其更广为人知的名字是巴黎左岸，位于沿着河堤的第13区。部分修建于通往奥斯特里茨车站的道路上，而其他大部分土地最初是为公共铁路公司SNCF所有。在混合开发公司SEMAPA成立之后，土地被细分，开始了对每个分区的逐步重建规划的竞标。

在1996年，Portzamparc赢得了马塞纳区北部的重建竞标，他的提案是基于开放街区的理念。这个简单的概念是将周边住宅小区的民间力量及其能够明确定义典型巴黎街道空间的能力、独立建筑优越的生活质量以及传统和现代设计原理的交织结合在了一起。对于我们的高层建筑研究而言，其特殊的重要性在于要考虑密度和美学原因，我们都市设计师提出的这个方案偶尔超过了对整个巴黎左岸开发区统一设定的高度限制。这个高度限制是阶梯型的，从河前面的大约24米到新法兰西大道附近的34米逐渐升高。但这些特例情况很难被合法定义，在1997年最终决定十分之一的建筑被允许超过天花板10米的高度，但是在法兰西大道前面的建筑被排除在外。Charbonnier设计的Tour Ar Men就

是这些特例中的一个，它的高度从30米的理论限制高度（根据24~34米法则）上升到最终建成的36米（底层加上11层楼）。在2003年，高度规则被再次调整成在首都外围区域最高为37米，这个新的法则替代了之前的，但不适用于所有已经得到建筑许可的项目。现在，城市管理对于"真正的"高层建筑已经变得更加开放，一项旨在让若干特例可以得到地方城市发展计划（PLU）许可的法律进程已经开始了，其中包括属于巴黎左岸另一个区的Masséna-Bruneseau的广大邻近地点。

都市形态

对这个建筑项目的特殊兴趣是因为它无法从都市意图中分离的事实，这不仅仅是基于书面建筑规则的简单角色设定，就像绝大多数建筑项目那样的情况，更加特殊的是预先确定的信封概念形式是整体性考虑的结果，如果不是雕塑整体规划的方法。Christian de Portzamparc工作室界定了一个由街道和相对小些的街区组成的网络，他们就未来建筑体积相互之间如何才能达到最好的联系进行了大量的实验，光线和空气的原理成了决定因素。为了给每个分区任命的建筑师留下足够的空白进行个性化创造，这个确定的建筑信封比得到许可的可建筑表面积更大。Portzamparc在这里尝试解决涉及建筑师和都市设计师之间关系的常见问题，这与塞纳河前区项目（见第136页）产生的问题类似，那就是许多建筑师拒绝参与建筑体积已经被总体规划者预先确定的方案竞标中。因此他的构想就在都市蓝图结构中包含一定形式的个性化。他极为看重迭代设计过程的重要性，该设计过程在整个规划和发展时期仍然是所有参与解决悬而未决的问题的当事方之间的一个重要联系。这种控制和松散管理的混合使他得以设计出作为一种特别情况的"伪造的随机空间性"，这只能在较长的一段时期内进化。

建筑学

前面已经提到了，为了提高新街区的辨识度，Tour Ar Men规划（"ar men"是指像布雷登花岗岩那样的灯塔）被设计成包含一座较高的建筑。它的位置是在绿化程度最高、人口密度最低的一个街区，正

上图：Tour Ar Men大楼（右）以及整体规划中所有相邻建筑的概念图。

下图：从大学建筑后方看到的大楼景色。这种结构的垂直度通过白色信封的逐渐减少而在视觉上得到加强。

对该区的中央花园，促进了这项事业，虽然因为考虑到对相邻建筑的影响而最终减少了一层的高度。这项规划是这个街区3个项目中的一个，沿着Rue des Frigos而延伸因而包括了紧邻着的还是由同一建筑师设计的较低建筑。当它被Arc促销公司收购时，所有权和开发权连同上述所说的都市和建筑法则被一并授予。Portzampac都市构想的中心思想是这些法则的基础是街区，即使它包含了若干规划。在"M1F"区的"M1F1"规划这个特殊案例中，它必须将塔楼放置在这个街区的中心，在场地东北边界上竖立两座不同的建筑。作为销售合同附录的数据表也明确了考虑相邻建筑风景的权利。

建筑师对建筑外表装修的构想是简单而高效的。因为采用了塔楼的概念，他将他的工作集中于在视觉上让建筑顶层收缩，以一种锥体又不损失发展空间的方式，有技巧地强调它的垂直性。有了顶楼公寓的存在，上部楼层实际上并没有退步，但看起来是如此，这是由于对这个白色信封的倾斜处理和逐渐出现的阳台。建筑底层带有零售商店，因而有助于提高这个街区的功能混合，建筑结构在这里发挥了重要作用，仅次于公寓和办公室。这座"塔楼"类型的直接结果是在底层获得了空间，这能用作私人花园并被解读为公共公园的延伸。

总　结

在建筑体明显混乱的倾向和设计及施工过程中集中并相当严密的控制之间有趣的对比是整个项目的关键。总体规划者对实际建筑大致形状的影响谈不上不寻常，特别是在建筑方案经常不允许任何形式偏差的法国体系中。然而在这种情况下，设计自由的话题看起来是通过对尖顶塔楼类型的使用而得以强调，在其他积极因素中，从历史观点来说也会感觉是从Haussmann风格发展原则、周边街区及其传统地籍逻辑而强加的建筑限制中解放出来。这种自由的一个小问题是通常不能将这种建筑自由与通过减少明确作为负面建筑形式的街道来创造一个有内涵的公共空间联系在一起。Portzamparc处理这个问题的方法是尊重这个街区周边以及对这座塔楼非常实用和灵活方式的使用。在类型学

左上图：北马塞纳广场区（Rue Francoise Dolto）的典型街道景色。Portzamparc对于"开放街区"的理念支持光线的作用，这与周边封闭的19世纪巴黎街区不同。

上图：概念图清晰地定义了周边街区，建筑底层包含零售商店和餐厅。

Tour Ar Men大楼

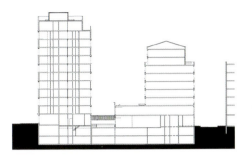

比例1:1250，塔楼及邻近建筑的剖面图，由同一建筑师设计。

比例1:1250，带有4间卧室的典型楼层平面图。

城市高层建筑经典案例

上这是一个非常有趣的实践，显示了这座塔楼除了其内在优势之外的作为都市布局中外向元素的新维度，同时也显示了在公共、社区和私人绿色空间关系方面精心规划的需要。在这方面，Charbonnier的作品给人信服和沉着的感觉，以一种非标志性的和在建筑上谨慎和有效的方式保证这座塔楼能够与街道相连，包含了商业使用并能为所有居民带来周边绿色空间和景色的优势。从批评角度来看，北马塞纳广场展现了可以重复进行的发展方式，虽然对于"街走廊"创造的保护被Le Corbusier所痛恨，因其是对现代主义传统中街道空间的破坏。问题在于应按照什么样的重量、密度和混合程度来谨慎地使用马塞纳的高度视觉才能使其成长而又不丧失这些品质。

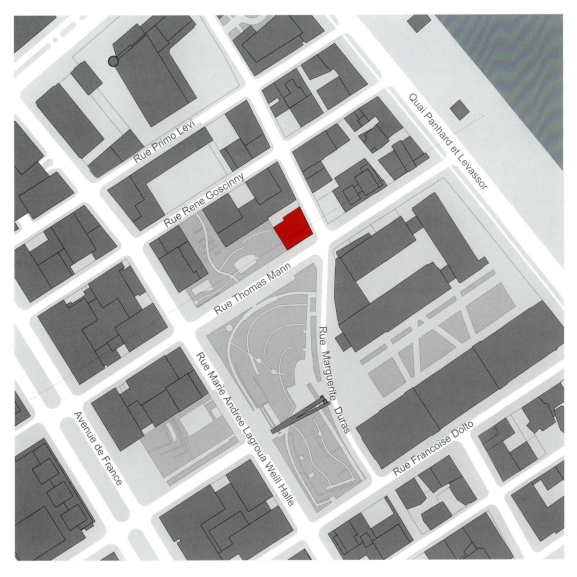

比例1:2500，城市平面图。

比例1:2500，城市剖面图。

DUOC公司大楼

地点：智利圣地亚哥
时间：2005—2007
建筑师：Sabbagh建筑事务所

　　DUOC公司大楼位于圣地亚哥历史中心西边，紧随普罗维登西亚区，以一种非常当代的方式展现了令人惊讶而又悠久的高层教育建筑历史，包括了莱比锡、耶拿和莫斯科（见第30页）的大学，同时还有东京最近修建的Mode学园虫茧大厦（见第67页）。部分属于知名的智利天主教大学，这座15层楼高的建筑看起来像由之前德国学校留下的大量休闲空间和历史建筑组成的整体中的一个不引人注意的模块。这种具有表现力的建筑构架部分仍然是未经装饰的，提供了一个极度宽敞的入口位置和惊人的抬高了的户外平台。这种不常见的建筑语言将（解构）结构主义设计元素与本质上的整体体量结合在一起，对于建筑的教育使命及其需要的持续发展具有高度的象征性。

大西洋银行大楼（现为萨巴德尔大西洋银行）

地点：西班牙巴塞罗那
时间：1966—1969
建筑师：Francesc Mitjans Miró

以Giò Ponti设计的米兰倍耐力大楼（1958年，见第51页）为代表的建筑形式回忆，这种对都市规划有趣的解决方案已经作为讽刺被包含其中，如果不是非标志性塔楼作为一个滑稽例子的话。通过将这种高层建筑元素嵌入典型的巴塞罗那街区的一角，实现了这种现代建筑和传统都市生活之间挑衅的组合。犹如Cerdà设计传统周边街区并没有伴随特定的体积封闭和高度建筑一样，这座塔楼也远高于它周边建筑的高度。这种过于大胆的都市姿态，一方面将其角落的位置与著名的对角线大道联系在一起，但另一方面以一种在类型学上非常有趣的方式追寻着理性，通过这种理性可以让扩建区角落场所的空间问题得以主题化。相比于中部场所的建筑，通过这些角落场所的传统公寓大楼不能进入和欣赏到街区内部的庭院，高层建筑方案优雅地将这种事实的影响最小化了。

洛克菲勒中心

集群建筑：与现有城市结构融为一体的高楼
地点：美国纽约
时间：1930—1939
建筑师 / 总体规划者：Reinhard & Hofmeister；Corbett, Harrison & MacMurray；Hood, Godley & Fouilhoux
客户：约翰·D·洛克菲勒二世

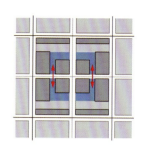

类型分类：集群建筑——与现有城市结构融为一体的高楼
建筑高度：259米
建筑覆盖率：84%
容积率：11.46

  洛克菲勒中心大楼是世界上最知名的、同时也是最大的一座高层建筑之一。它达到了都市理想的状态，表面上完美的共生关系，而不是让步于都市一致性以及资本收益性。作为曼哈顿历史街区中固有的部分，这个计划引入了一种独有的特性，这是通过为公众创造一个城市中最成功的广场来实现的。

历史/发展过程

  作为标准石油巨大财富的唯一男性继承人，约翰·D·洛克菲勒二世在他的早期职业生涯中，为了全身心投入慈善事业而放弃了在家族产业中的领导地位。他向各种活动，包括考古学、艺术、医学研究、保护和国际关系，捐献了大量的金钱。即使在洛克菲勒中心事件开始之前，房地产和建筑对他来说都不是新鲜事物，他已经赞助过法国凡尔赛宫和兰斯主教教堂的翻新工作，以及他自己祖国中的威廉斯堡殖民地重建工作。

  有趣的是，作为他可论证的最知名的项目，洛克菲勒中心大楼并不是慈善活动中的一部分，它的出发点和引导方针是使其成为一项可获利的投资而不是对公众的献礼。

  这项旨在成为那个时期美国最大建筑的活动的开始点来自大都会歌剧院公司重新安置其房产的意愿。在曼哈顿市中心上西区的哥伦比亚大学提供了大量的和潜在的有吸引力的地段，剧院公司立刻要求建筑师Benjamin Wistar Morris为这个地点准备第一份规划。建筑师随即意识到为了弥补剧院不可避免的运行赤字，这座新剧院的建筑必须结合大量的商业发展。一个公共广场对于让这个因花花公子对艺术的喜好而带来的设置变得更加令人尊重是非常重要的，同时也能让土地价值和顾客流量最大化，这不可避免地将这个已经雄心勃勃的计划进一步提高到从未有过的空间维度。

都市形态

相比于其他原因，吸引洛克菲勒注意的是这个广场的细节。他最初拒绝与剧场的董事会见面以及赞助对这个广场所在地的收购活动，原因是其认为由于广场具有升值的功能，所以这项活动应该由其邻近建筑的所有者进行资助。但是不久之后，他直接与哥伦比亚大学进行了联系，提出购买或者租赁其上西区的大部分土地，这是曼哈顿最大的私人所有土地，也是大学的主要收入来源。他在1928年9月单独签署了租赁合约，希望大都会歌剧院公司随后会转租这大块地方中的中心区块。合约规定广场本身不能由剧场公司进行支付，而是要让剧场公司作为捐献者将广场捐献给洛克菲勒财团。不幸的是，一些开放性问题和1929年10月29日股市的崩盘导致这些计划未能实现，剧场也搬离了这个场所。随后，另外一家娱乐公司——美国无线电公司（RCA）作为项目的主要承租人接管了这一切，最终将其命名为RCA大楼，这也是纽约最高的大楼之一。

考虑到这个巨大的项目团队、这些强烈的自我和才能的存在、为数众多的设计选择的成果，有趣的是认识到直到中心大楼的第一部分在20世纪30年代末期完成，都还保留了1928年的规划对这些建筑群的主要灵感。虽然如此，基础的改变让这座最高的塔楼从外部到内部都重新定位了，为了提供一个更加开放和璀璨的星空夜景，体积在规定的分区路线中进行了密实化，并且可视为幸运地放弃了对项目原有完美的不对称性。Morris自己在1929年歌剧院计划被取消后就离开了这个项目团队。

直到很久之后，中心大楼在20世纪六七十年代期间向西边进行了扩展，大楼之前的空间逻辑被不同类型的都市生活所取代了，这也是跟城市分区法规的改变和新一代高层建筑的建立相关的。它的公共领域策略带来了沿着第6大道的开阔（主要是空旷）和开放空间，这是基于政府管理部门确定的奖金制度，其规定如果提供开放空间，开发商就可以获得更高容积率的奖励；相比于建筑群原本更加亲密和受保护的空间，这种方案不太成功。

建筑学

相比于Morris，在创造洛克菲勒中心中更加知名的角色应该是Raymond Hood。他是这个大型建筑师团队中的一员，这个团队又受到精力充沛又极为自信的开发商John R Todd的监督，团队还包括作为首席建筑师的Reinhard & Hofmeister、Corbett工作室、Harrison & MacMurry，以及作为第三方的Hood、Godley & Fouilhoux。建筑透视图是由Hugh Ferriss和John Wenrich完成的。作为一个真正的团队作品，最终规划中建筑师的重要因素和今日地标性建

美国大道，从20世纪30年代以来的地标性建筑位于右侧，而中心大楼在20世纪50~70年代的扩展部分位于左侧。

从左上开始按照顺时针方向：从第5大道看到的法国房子、大英帝国大厦、意大利广场和国际大楼（最初是准备命名为德意志之家大楼）北部的景象。

洛克菲勒低广场及其著名的滑冰场。国际大楼在背景中，大英帝国大厦的北部在照片右侧。

从朝向69层楼高的RCA大楼（现为GE大楼）的散步长廊看到的第5大道的景象。透视图中法国房子在左侧，大英帝国大厦在右侧。

筑（尤其是作为中心焦点的RCA大楼的板式形状）都要归功于Hood，自从在1922年赢得芝加哥论坛报大楼的设计之后他就成了一名国际知名建筑师。作为一名拥有高超戏剧才能的优秀通信员，Hood知道如何在兼顾顾客经济利益的同时按照自己的建筑视角工作，他明确宣布中心大楼是一个能够证明建筑师可以建造一座能作为资本伙伴的具有商业利益建筑的机会。他深深的兴趣通过Morris的早期规划被唤醒了，大部分不是因为其建筑语言，而是因为它的规模和上述提及的对于在委员会计划中进行修建的替换方式进行探索的意愿。在他1927年的著作《塔楼之城》中，Hood详述了他的关于分区法规改变以及塔楼结构作为一种独立和自由的元素而不是不断重复的周边街区组成部分的概念。建筑密度旨在成为地面开放空间的一个功能，于是便产生了更窄更高的筷子形塔楼。在若干已完成的高层建筑中，他通过将塔楼放置回街区边界上来部分实现了这些概念，将它们作为个人分离的对象而不是必须与相邻建筑共享部分墙体的挤压出的建筑体而呈现出来。另外，他对那种通过内部交通系统来承受外部交通拥堵的准独裁的大型建筑也非常着迷，这种东西通过它的行人通道连接、它的地下网络以及与地铁系统的直接连接，在中心大楼中至少能达到象征级别。

下一页：顺着第50大街看到的圣派特里克教堂南部景象，41层楼高的国际大楼和意大利广场分居两侧。

总　结

从今天的透视图来看，相比于更加小心翼翼的发展和更加健康和渐进的方法，大型发展项目更多是被视为对城市的一种潜在威胁，会损害建筑和社会多样性。洛克菲勒中心是这个论点的对位论据，几乎3个完整的曼哈顿街区的覆盖率不得不被视为这种新型都市形式确定的一个条件。即使像克莱斯勒大厦（1930）和帝国大厦（1931）这种具有最大的周边街区的发展项目最终都属于布局逻辑中的空间匿名因素，虽然是天际线中非同寻常的珠宝，但在地面上仍然很传统。新的远景、人行通道和与街道保持安全距离的广场的创造，都要求规模超过现有的5、6或7个传统街区的合并频率。中心大楼将曼哈顿布局逻辑从仅有大道和街道作为公共领域的外向封闭周边街区转换为将生命灌输在街区中心的更加复杂的大型建筑。

从欧洲观点来看也是卓越非凡的，因为经济背景和项目进程是基于若干层次的顾客群体和拥挤程度来决定的。然而知名的欧洲思想家主要聚焦于功能的分离和关于自然、光线和空气流通的理论，洛克菲勒中心的创始人和创造者将所有这些元素更多地视为关于顾客头顶之上空间的概念，将广泛的屋顶花园实现成为一个有趣的风景。

洛克菲勒中心

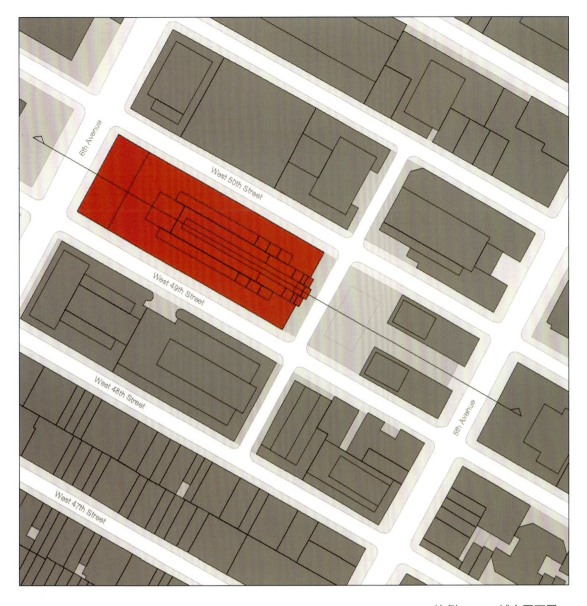

比例1:2500，城市平面图。

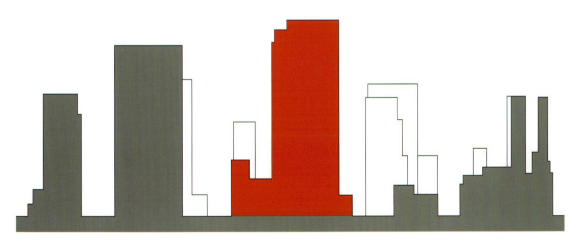

比例1:5000，城市剖面图。

维勒班市政大厅和新中心

地点：法国里昂市郊维勒班
时间：1934
都市设计师：Môrice Leroux

这项雄心勃勃的计划是由维勒班市长在20世纪20年代提出的，在那个时候维勒班是里昂一个快速发展但被忽视的郊外工业区。虽然该计划是基于对一个新的市政厅、剧场和公益住房的真实需要，但其主要目的则是空间化和象征性的：令人印象深刻的大部分是打算规划一个政治独立社区的新中心，这个社区自从在它富有的邻居的阴影下诞生以来就一直存在。从都市观点来看，它更应该被理解为一个出发点而不是一种延续性，其随后的发展项目则被期望在都市形式上遵从这个骄傲的例子。但是这并没有发生，或许是因为与周边建筑的谨慎相比，在规模扩大方面太过生硬以及不现实，同时也是由于它的相对封闭、线型以及内向空间特性。规划中北面入口的两座19层楼高的塔楼明确地唤起了大家对Hermann Henselmann于20世纪50年代在柏林设计的法兰克福门大楼的记忆（见第130页）。

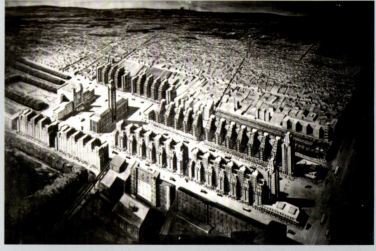

河畔中心

地点：美国纽约
时间：计划于 2018—2020
都市设计师：Christian de Portzamparc

　　河畔中心主要的相邻住宅项目是由 Donald Trump 在20世纪70年代中期提出的，已经覆盖了之前的一个货运铁路站场。最后一块需要重新发展的土地覆盖了4个都市街区，被称为河畔中心。Portzamparc 为了创造一个中心公共公园打算将西面的两个街区合并在一起，这个公园的景观理念非常尊重面向河流的布局延续性。从建筑学来说，他认为塔楼就像雕塑一样遵从低-中-高的三重等级：低级部分被认为是带有涉及行人规模和车辆规模等混合功能的25米以下的建筑，而高级部分则是高度超过160米并能够成为纽约天际线一部分的建筑。由于这4个街区的巨大尺寸和历史规划方法，它呈现了一个很罕见的机会可以为曼哈顿严格街区导向的发展逻辑创造一个替换的都市生活方式。这与洛克菲勒中心完全明确地平行，即使河畔中心是被设计来成为当地层次而不是城市层次上的一个零售和娱乐中心。这个项目是 Portzamparc 在曼哈顿的建筑作品的延续，只是其以一个更大的规模及相似的概念来重现派克大街400号塔楼，该项目目前正在建设中（塔楼见右下图）。

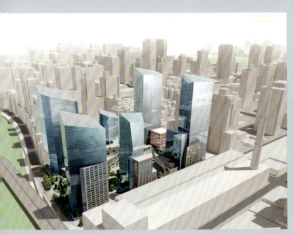

宫殿区（"卷心菜"大厦）

集群建筑：作为城市形态的高层建筑
地点：法国巴黎市郊克雷泰伊
时间：1968—1974
建筑师：Gérard Grandval
客户：OCIL

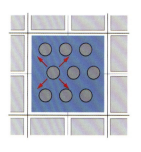

这座所谓的"卷心菜"塔楼是法国战后住房时期的折中副产物。于1974年完工，它同时包含了20世纪五六十年代对于效率的明确要求，以及对于场所特性和感觉的新探求。

类型分类：集群建筑——作为城市形态的高层建筑
建筑高度：38米
建筑覆盖率：18%
容积率：1.06

历史/发展过程

在第二次世界大战的余波中，相比于其他的欧洲工业化国家，法国面临着一种特别荒凉的住宅环境。1954年的严冬让许多人暴露在寒冷中，逐渐增加的公共压力迫使政府展开了一项住房调查，其结果表明至少缺失了400万户的住房。在法国，战后时期标志着建筑和空间延伸的新开始，而这种开始又不可避免地受到整个国家战后对Trente Glorieuses（"辉煌三十年"，1945—1975）繁荣景象的追求的刺激而加速发展。

强有力的经济增长和外国技术工人的移民并不仅仅出现在法国，当地特性还包括糟糕的居住环境（特别是在巴黎聚集区，情况比战前还要糟糕）、出生率的大幅提高、在一个痛苦的非殖民化时期之后对重新整合的迫切需要，后者主要是指阿尔及利亚。结果就是在1954—1977年，大约共修建了600万住宅单位，其中一半是公开委托的社会性住房，另外一半则是来源于国家抵押银行——法国地产信贷银行的大量补贴渠道。

右图：这些住宅塔楼的入口区域使用栅栏隔开，这是为了保护相邻建筑底层住房的私密性。

右下图：塔楼位置远离步行通道，部分历史景观设计采用了人造浮雕。

一种非常高效的建筑途径在很短的一个时间内就确定起来了，通过这种途径政府不光可以对现代公寓大楼的结构和设计（独户住宅方案已经被排除）进行严密控制，同时对这些公寓大楼与快速增长的基建项目之间的空间关系也能有效控制。

住房保障和新的基建项目并不是社会努力的唯一成果。这些建筑对于爆炸式的工业增长也是必要的支持，这种增长迫使之前业绩不佳的建筑工业必须有所改善和发展。未来必须进行改造。大型社会住宅区项目的运行要求最少有500个单位的规模，但对其的回答是通常规模都会更大，直到1973年超过500个单位的住所被宣布合法之前都是一直如此。在高效建造方面主要是以郊外住宅区和社会热点区域为代表的。从组织的观点来看，这种范式转换的改变是通过法律地位的改变来实现的，以最快完成政府进行大型住宅规划的可能形式出现的ZUP（城市发展新区）则在1969年之后被目前仍然存在的ZAC（开发区）所取代。具有与ZUP或者ZAC同等法律地位的项目都是"自上而下"的体系并从当地规划准则中被排除了的，但ZAC促进了在私人资金方面使用和包含的混合效果。

都市形态

宫殿区的所在地曾是巴黎市郊的一块荒地，只覆盖了Nouveau Créteil（新克雷泰伊）很小的一部分，它在令人生畏的新基建项目之间的孤立状态被建筑师Gérard Grandval认为是一个问题，他是由公益住房公司OCIL经理任命的一位相当缺乏经验

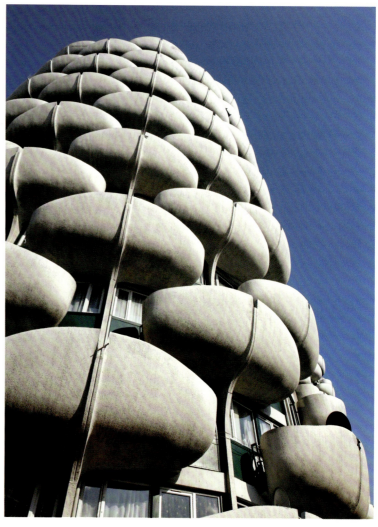

的罗马大奖获得者。Grandval的解决办法很简单：他的想法是人为加强这个区域的孤立特性，通过特定的建筑和有技巧的景观原理来为场所赋予一种感觉和保护。按照大约在同一时间（例如在1969年开始修建的塞尔吉-蓬图瓦兹）开始发展起来的新城镇的精神，克雷泰伊市长想要避免对声名狼藉的大型社会住宅区项目的厌倦，认为其不仅越来越没有想象力，而且更重要的是缺乏混合使用功能，这反过来还会阻碍都市生活的发展。因而像小型购物中心这种便利设施就成为这个项目的整体特性之一，在设计过程和这个新区的建设过程中，做出了将其从中心位置移至地点边界处的决定，以便能够同时为住宅塔楼的居民和周边大学的学生服务。与这个雄心勃勃的住房项目在象征性方面齐名的项目就是在紧邻塔楼西面修建的法院项目，或许象征性在这方面是最重要的特性。由Luois——Gabriel de Hoym de Marien设计的3个大型并同样是曲线的板式住宅楼分别朝向社区的南面、北面和西面，通过市场管理所的准备来维持社会融合的概念。考虑到这个地点容易遭受洪水侵袭，地下停车场的建造会花费巨大，于是建筑师熟练地将一个1层楼高的车库包含进他的景观概念中。这个步骤避免了建筑周边停车时常见的密封问题，并维护了连续花园的理念。

建筑师最初想象放置阳台以便能够创造出一个独特的绿色外表，但考虑到维护问题，该方案最终被放弃了。

表面的深度带来了显著的雕刻美感，随着观景点的不同，面貌也会随之改变。

宫殿区("卷心菜"大厦)

建筑学

从建筑学的观点来看，混凝土阳台是整个计划中最令人惊喜的设计元素。阳台由建筑承包商布依格公司预先制成，相对于周边那些非常标准和大批量生产的圆形外观，它们形成了与众不同的外表。它们相对宽阔的尺寸和高度是与建筑师两个明显的意图相呼应的：首先，保证自己与邻居的隐私性；其次，作为相对小型和标准的内部表面的延伸。正是受到Henri Sauvage关于空中花园的研究以及巴黎Rue Vavin建筑（1912）中分级阳台的启发，它们才会如此放置。但是这并没有发生，Grandval关于绿色表面的想法最终没有实现。

建筑平面图从本质上是相当简单的，在内部组织上允许相对大的自由度，虽然在径向几何方面存在明显的复杂性。这座建筑圆形式样的一个缺点在于住房的单一方向性以及相对大量的内部阴暗空间，因为这座15层楼高建筑的中心是一个紧邻公共走廊的楼梯。这种圆形式样的一个优点在于能够提供各种角度的景色，包括在一个标准的三居室单元中超过90°的景色。典型的建筑平面图包括2个两居室（61平方米）和2个三居室（75平方米）单元。这也就意味着9个阳台中的1个必须为两个家庭所共享（见平面布置图）。

现代住宅的一个典型特性就在于这座塔楼是纯居住性的。即使未抬高的底层包括住宅，并通过升高的绿色表面浮雕以及沿着狭窄入口过道的小型保护栅栏来阻隔过路人的视线。

总　结

在本书中包括一个大型社会住宅区项目的重要性不能被过分强调，这种项目的本质是指超过500个单元的战后住宅发展项目。铭刻在法国和欧洲集体记忆中的高层住宅建筑，仍然与这种"量化的都市生

比例1:1250，典型建筑平面图。

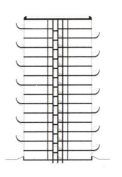

比例1:1250，塔楼剖面图。

停车场的景色，已经被包括进景观概念中。

活"（被技术专家所精心论述过）紧密相连，这是为战后时期迫切的住房需要提供一种快速和简单的解决方案。从开始的1953年到废除的1973年这段时间来看，大型社会住宅区项目中板式住宅和住宅塔楼的混合使用从空间和建筑观点来看已经变得越来越乏味，最终被确认为一个错误而被放弃。Grandval的项目与这些贬值的趋势形成了鲜明的对比，他展示了对大型公益住房项目一种可能的替换方案，甚至即使没有都市设计师或风景园林师的参与，也是可能的。很有趣的是应该注意到他的项目主要都是使用尖顶塔楼的类型，而那个时期大部分社会公益性住房则依赖于板式住宅和住宅塔楼的混合体，其中塔楼只占很少的比例。在这种背景下，由于不太受欢迎的蒙帕纳斯大厦的修建（它在1974年导致了一项城市中心高层建筑禁令的颁布）引起的激烈争论就没有任何意义，其在形式上是与住房问题和郊区是分离的，但最终帮助广大群众在脑海中建立了高层建筑和错误的都市生活之间的联系，这与1973年禁止未来修建任何大型社会住宅区的禁令也有关系。

以克雷泰伊的例子来说，这种塔楼类型确保其正面得分，因为相比于拉长的板式住宅，它只留下了很小的足迹；不管在严格规划体系方面是否有若干缺点，宫殿区还是能够创造出一种强烈的特性，即一座带有精巧人造浮雕的住宅花园。

宫殿区("卷心菜"大厦)

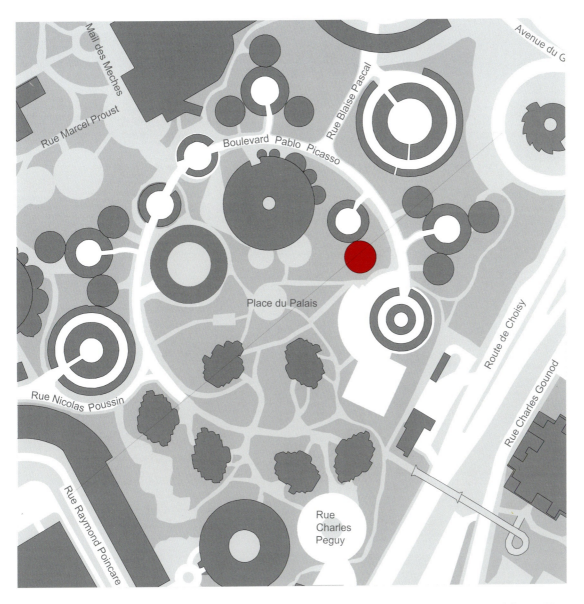

比例1:2500,城市平面图。

比例1:2500,城市剖面图。

建外 SOHO 大楼

地点：中国北京
时间：2004—2007
建筑师：Riken Yamamoto，以及 Mikan 和 C＋A

位于北京二环和三环路之间，离天安门广场以东大约5千米，这个由SOHO中国主导的多功能发展项目包含20座住宅塔楼和4个所谓的"别墅区"。这些大街区的总体效果是令人印象深刻的，也是高层建筑混合体的罕见例子，它将一个颇具影响力的无街道导向的总体规划与在塔楼"基座"创造出繁华生活成功地结合在一起。这些严格重复的白色塔楼与它们的抽象外表结合在一起，作为对现代建筑和都市生活的提及很难被忽视，让人回忆起Le Corbusier为光明城市（1935）所做的规划。因而，这项计划成功的秘诀主要在于这些3层楼高的基础建筑（由Mikan设计），它们能让更多的使用者参与进来，在大型步行街区里面和周边组成复杂的空间序列。

史岱文森镇

地点：美国纽约
时间：1946—1949
建筑师：大都会人寿保险公司

　　第二次世界大战之后，在曼哈顿下西区一块面积超过32公顷的土地上修建了35个13层楼高的住宅区。总共8755套住房都是为私人准备的，主要面向中层阶级。这个巨大的发展项目要求清除臭名昭著的煤气厂区，并迁走超过1万人。这正是这个项目的动机所在，大都会人寿保险公司是第一个受益于旨在重建城市贫民窟的1943年法令的开发商。这项法令从根源上让城市以一个可承受的价格获得这些土地的所有权，并将这些土地交给私人住房建造商，同时以长期税收豁免换取租赁特许权。通过把建筑像松散的元素一样放置在公园中，这个规划将它的内在特性通过周边街区的终止和中央空间的创造展现出来。

谢赫扎伊德大道

集群建筑：线性集群高楼
地点：阿联酋迪拜
时间：20 世纪 90 年代起

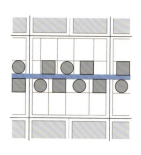

类型分类：集群建筑——线性集群高楼
建筑高度：355米
建筑覆盖率：30%
容积率：6.01

    谢赫扎伊德大道是迪拜宽广的道路网络的中心枢纽，其集合了一系列令人印象深刻的相似的高耸的摩天大楼。它从空间上组织了这些酋长国的指数增长，并为这个迅速扩散的城市提供了一个强壮的支柱。

历史/发展过程

    迪拜作为大都市的历史很明显非常短暂。但是在它都市扩张之前的很长一段时间内，由于作为天然港口的迪拜湾存在，它都证明了迪拜在地理战略上处于一个非常好的位置。贸易通过定居点完成，直到第一次世界大战时，珍珠业都是城市主要的收入来源。与水道的连接，马克图姆王朝自1833年来统治的稳定，都将城市的主要王牌保留至今，但随着1971年石油的发现，城市发展又出现了新的规模。在同一年，作为前摄政国的英国宣布离开这个地区，迪拜与阿布达比以及其他5个酋长国一起成立了阿拉伯联合酋长国。拉希德港于1972年开放，促使了都市和经济以不断增长的速度和等级进行扩张。阿里山港口作为世界上最大的人造港口于1979年建立，港口周边则在1985年被宣布为免税区。这

从面对谢赫扎伊德大道的建筑后部西北方向看到的景色。巨大的空间主要被用作车库和外部的停车场。

从2009年9月开始,一条新的地铁线路已经顺着谢赫扎伊德大道开始运行。在一些车站中,人行天桥现在联系着之前处于分离状态的街道两边。

对于众多随后的免税区是一个成功的案例,它为新的商业提供了具有吸引力的税收鼓励政策。因为酋长国在旅游区过于雄心壮志的营销策略会经常让人感到困惑,但这些免税区是迪拜经济存在的理由。港务局的主要利益相关人是阿里港免税区和拉希德港,也成为占有迪拜大部分资产的迪拜世界控股公司的股东,包括作为知名棕榈岛项目顾客的棕榈岛集团。那些石油储量普通却又几乎快要消耗完的酋长国将其经济在许多部门中进行多样化,不断吸引外国投资商,但最近这些房地产发展项目的主体仍然被控制在马克图姆家族手中,因为这些土地都归他们所有。作为酋长国的主要运输要道,谢赫扎伊德大道(也被称为E11大道)在1971年就与酋长国的建立联系在一起。这条道路开放于1980年,那时在迪拜境内的那部分道路仍被称

从阿联酋大厦基座上看到的谢赫扎伊德大道北部的景色。

为国防大道。1993—1998年，它才扩展到现有的尺寸。

都市形态

这项在迪拜的规划的特殊性在于整个城市只有很小一部分是被迪拜自治市直接控制的。因而一种相当传统的分区系统仅被用于靠近旧城区和谢赫扎伊德大道部分的北部城市核心区域，包括预先制定的容积率和对大楼用途的指示等。诸如迪拜滨海区、迪拜国际城和哈利法塔（见第31页）附近的闹市区等新开发的区域都有上述提及的特殊法律地位，并遵循其各自的规定。它们的总体规划通常是住宅或商业高层集群建筑，都是与自治市一起进行协商和精心策划的，但它们都没有合法地依赖它。从这种观点来看，谢赫扎伊德大道从理论上来说仅仅是酋长国主要高速公路的一个分段，却有非常重要的地位：由于各酋长国之间的距离，它成为若干相当专制的地区中最有力的通道，作为一个清晰单一的实体不会自动地形成一个城市。虽然高层建筑部分只有大约3.5千米长，但它仍然是目前为止穿越整个酋长国的平均行程中在空间上最让人印象深刻的元素。为了理解迪拜的城市发展势头，应该与像东京或者圣保罗这种多节点组织的城市进行对比，但主要的区别包括了令人窒息的发展速度、低得多的人口总数和位于迪拜湾北岸的早期城市中心以及迅速地失去了其领导地位的事实。这种情况随着本州南部区域的新马克图姆机场的使用会进一步加剧。但是这种有趣的发展背后却没有多少历史原因，例如阿里山港被修建在距离迪拜湾以南40千米的地方。在过去的25年中，北部朝向的广阔城市空间已经被集群塔楼和别墅区给逐渐填满，使整个都市区域统一起来，这是之前从未设想过的。

建筑学

谢赫扎伊德大道在都市形式方面的强度和简单性阻止了过高的娱乐性，偶尔也让这些强求的摩天大楼建筑变得不那么过于显眼。"更高、更好"或许只是一句简单的标语，但有时看起来能够以一种合适的方式来应对谢赫扎伊德大道可能是唯一一条大都市大道的事实，同时它也是一条国有高速公路。在道路的每一边和每个方向，辅道都试图调和当地和国家的两种速度，许多塔楼都在底层设有零售商店和购物中心。不考虑迪拜的严酷气候，它们有助于将为数众多的人行道转变成为比大家期待的更加生活化的场所。塔楼与前后之间的关系是不对称的，这揭示了自治市打造更强空间感受的意图。主要外表是以致密的美国网格城市风格与周边街区对齐的，场地的后部及其宽松的停车空间和分离的车库则是遵循一种更加郊区化的逻辑。用于修建停车车库的土地已经捐献给了塔楼的开发商，这是为了保持能创造一个更具吸引力的商业环境。谢赫扎伊德大道部分让人强烈地回忆起Auguste Perret在1922年对于巴黎门提出的"Maisons—Tours"（塔楼住宅）的设想；不论是法国版本还是迪拜的建造事实，都是线型的不朽的都市生活的实例。

总 结

现在普遍认为促使这些高层建筑形成的原因是与土地供应的稀缺性和对空间未满足的需求联系在一起的。以迪拜为例，这种假设就在许多层面受到了挑战，它比世界上其他任何地方都能更好地表明这些高层建筑的出现看起来好像不是遵循一个原则而是若干不同原则，它的合理性也很难去定义。首先，迪拜不缺乏空间。其次，高层建筑的修建并没有导致过高的密度，整个都市区域中大约有190万居民，覆盖了超过700平方千米的曾经的沙漠荒地。每平方千米的人口是2650人，整体密度实际上并不是特别低，但这必须与精心策划的迅速和近期的发展相比较而言，而且城市扩张是没有任何历史原因的。因此这种

从上图：面向谢赫扎伊德大道，塔楼被沿着街区边界放置，人行道可以有多种用途的使用。

两座塔楼之间的空隙，清晰地显示人行环境的线型特征。

Auguste Perret对于打算用来划定巴黎边界的"塔楼建筑"的观点，路线从巴黎穿过拉德芳斯（见第178页）的皇家轴线，达到圣日耳曼昂莱的森林。

高层建筑和相对低的人口密度的有趣结合引起了一个相反的问题：高层建筑是不是异常低（而不是高）的土地价格的结果；考虑到可能的国际营销效果，这些非成本中的哪种是值得用来投资修建昂贵的建筑工程的？至少看起来这对迪拜的楼房是这样的，因为大部分的开发都是被中央控制的。当然，在沙漠中修建高层建筑在技术上也是一个挑战，而迪拜的建筑工业可以骄傲地宣称它们在这个领域处于世界领先地位。

快速扩张、高层建筑建造和总体相当低的人口密度的三者结合明显不是持续性占据首要地位的事件的模型。即使这些塔楼的建造和维护会变成生态友好型的，但后续的交通情况以及必要修建的道路却不是这样的。因此分析迪拜新地铁网络及其再开发阶段的影响就有特别的意义，这条地铁网络作为沿着谢赫扎伊德大道的高架铁路系统于2009年末部分开放，并会逐步加强这个暂时还未充分使用的都市地理。这种沿着海岸线的线型布局使得这个观点具有很大的发展潜力，使其完成了成为世界上最非凡卓越地方的雄心壮志。

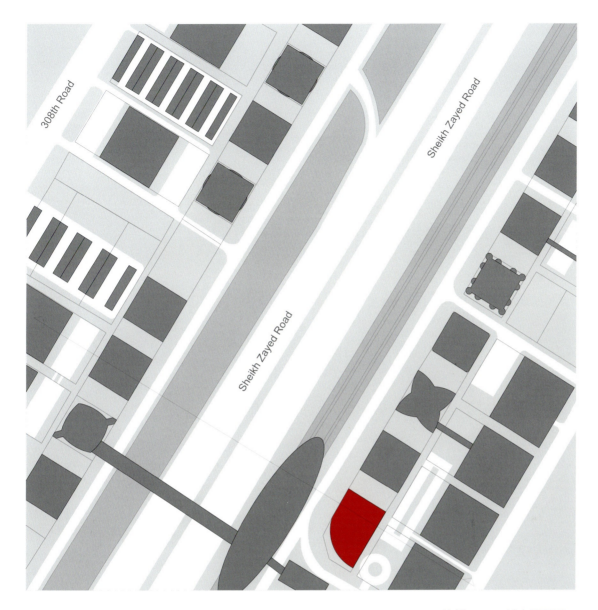

比例1:2500，城市平面图。

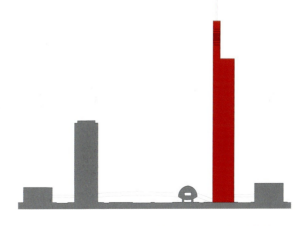

比例1:5000，城市剖面图。

莱万特海滩延伸部分

地点：西班牙贝尼多姆
日期：1963年起

在只有18平方千米的表面上却建有超过370座12层楼高以上的高层建筑，西班牙海滨度假村贝尼多姆有着世界上最高的高层建筑密度。这些项目以一种美国风格的网格化主要分布在旧城区以东，沿着莱万特海滩的地方，其都市街区的长宽大约都是110米。每座高楼周边平均包含3座公寓塔楼或者酒店塔楼，通常都是私人休闲区。相比于这种在许多地方都出现的相对宽松和典型的度假区风格内部组织，虽然不够一致，但通过单层的零售商店和餐厅建筑对这些街区做出了非常都市化的限定。这种在规模和功能上与众不同的混合，对于历史区域外这种散步道风格的街道生活的延伸起到了支撑作用。只有海滩前面的高层建筑不可避免地被放置在南部边界上，与它们的周边建筑一道形成了贝尼多姆声名狼藉的天际线。

法律街总体规划

地点：比利时布鲁塞尔
时间：2012—2025
总体规划者：Atelier Christian de Portzamparc

相对于北马塞纳广场主要是新修建筑的总体规划（见第80页），比利时首都的阶段性项目运用了Portzamparc关于"开放空间"的空间化理念，来逐渐改变一个线型和已经存在的都市部分。基于对沿着历史核心区和欧洲区联系中最引人注目部分的法律街周边街区发展的分析，位于巴黎的工作室制定了一个定时干预的策略，即当建筑处于其生命周期末端时就会被开放空间和更高的建筑所取代。其目的在于通过让空间成为程序化的干预，来摆脱那种流行的单调和幽闭恐怖。高层建筑的使用能够同时满足公共空间、人口密度的快速增长，对新的欧洲机构以及零售商店和公寓建造的需要。通过街道周边是由建筑高度来组织的这种简单法则，会有助于保证足够的光线和空气，并将日常活动引入街区中心及其周边建筑。这种"软性总体规划"的方法相比于白板方式，要求每个都市场所都要与各自地点中的塔楼具有高层次的协同与协商能力。

Moma 和 Pop Moma

集群建筑：复合高层建筑
地点：中国北京
时间：2000—2007
建筑师：Baumschlager Eberle
客户：当代集团

类型分类：集群建筑——复合高层建筑
建筑高度：105米
建筑覆盖率：24%
容积率：4.48

这是中国最近10年中住房开发的一个典型例子，Moma复合体展示了一个成功的案例。通过在3个不同的阶段进行修建，能够避免无止境的重复，而这种重复在许多类似的开发项目中不幸地成了驱使因素。

历史/发展过程

中国最近30年中取得的惊人的经济成功促使了更加惊人的都市成长。以北京为例，这种扩张可以理解成最近才完工的六环路，而其核心位置是紫禁城。二环路是在20世纪80年代修建的，差不多划定了之前的带有胡同结构和四合院的城墙区域。这些传统元素正在快速消失，被最近几年逐渐渗入的再开发项目所吸收，这些项目并不仅限于旧城区之外。在这个已经失去了人行环境维度和结构的都市景观中，Moma复合体在策略上的定位非常准确。刚好位于二环路东北角之外，又紧邻通往新机场的连接延伸道路，因而这非常受到

当地商人和外籍人士的欢迎。

　　这个地点最初为一家国有造纸厂所有。但当造纸厂关闭之后，开发商张雷和他的当代集团与政府签订了一项长期租约，从而确定了其仍然是所有土地的承租人。这个永久业权制并不是共产党政府强加的必需品，而是发源于将皇帝确立为整个中国大地所有者的传统。当代集团专注于绿色建筑方面的成功，同时也是Steven Holl设计的当代万国城（最初命名为Grand Moma）的顾客，其位于高速路对面Pop Moma的北面。

都市形态

　　这个复合体的总体规划是由一名香港建筑师负责的，他同时还完成了这个项目第一阶段5座塔楼的修建，即所谓的"万国城"。由于建筑位于二环路并且相对靠近历史老城区，所以它受到了有关高度的限制。城市布局是简单而清晰的，10座塔楼和2座低层便利设施的集群体以一个慷慨的比例被放置在一个围绕中心湖的绿色环境中。地点对北面的明确定界是最近才划定的，这来源于通过新的高速公路和管道的修建对这个地区基础结构进行的大规模重组。现在它覆盖了这个准三角形街区东北部分的一半。在城市规划中可以见到的这个椭圆形酒店仍在建设中。这个规划看起来是必需的，因其是一种相当宽松的"公园中的塔楼"形态和周边街区开发之间的一种妥协，后者通过建筑体及其基座锋利的边缘来加强北部和东部街道边界的概念。这个新开发项目（由Baumschlager Eberle设计的Moma和Pop Moma）的绝大部分底层和部分地下室包含了对公众开放的零售商店，但是都让这些商店后退至人行道之后。它们不是可渗透性的，这是为了防止他人进入其他隔离建筑物的私人内部空间。Pop Moma的3座塔楼及其4层楼高的商业基座都通过一个双量程的停车场与喧闹的高速路隔开。

　　这个建筑体有若干入口可以进入地下停车场，但只有一个主入口通往东南边。对公园和湖泊这种有技巧而又巧妙的景观装饰则是由日本公司Tamagushi Saishu完成的。

建筑学

　　当代集团决定与奥地利建筑师Baumschlager Eberle一起合作，主要是基于公司在节能建筑方面的经验而不是他们经常出版的作品中的建筑语言。在Moma复合体的第一阶段建筑中，这位奥地利建筑师实际上是Keller技术公布公司的分包商，这家公司是由Eberle教授在苏黎世ETH的同学Bruno Keller教授主导的。应该注意到这些新建筑的可持续性质量同时也被标记为健康的，一种比节能更加潜在有形的质量，而节能正是在快速和特殊的中国市场中未来潜在买家并不会首要考虑的因素。通过许多先进建筑技术的使用，内部的温度和湿度可以保持恒定，虽然需要持续供应新鲜空气。除了温度和湿度，其他特性也可以通过基于地热的中央控制的

从香河园大道看到的复合体内部场景。深色的塔楼是Moma，红棕色的塔楼是Pop Moma，背景中是由建筑师Steven Holl设计的当代万国城。后者是由同一建筑师修建的独立开发项目。

左图：带有零售商店的Moma塔楼的下沉的地下室，可以从香河园路进入其中。

左下图：两座Moma塔楼中一座的入口区域。它们朝向这个建筑复合体的内部。

天花板和表面技术变成现实。这些体系通常只会运用在大型办公室的空间中，这比通常采用的安装为数众多的空调单位具有更高的能效。

对西方观察家来说，会很惊讶地发现这些豪华并异常宽敞的住房没有以阳台或露台为代表的私人外部空间。这部分是由于节能概念的特异性，但更重要的却是考虑到北京的天气，风沙问题限制了建筑高度，此外还有当地传统的因素。在中国大陆，日光浴是最近才出现并且仍被认为是罕见的现象，所以阳台的角色与西方国家

Moma和Pop Moma

不同。在很多情况下，阳台被开发商实际用作一种额外的生活区域，并没有包括在建筑许可中规定的最大面积中。在购买之后，所有者经常将这些空间变成封闭的冬景花园，将其作为额外的客厅或者卧室。

另外一种被建筑师观察到的国家特有的现象是平面布置更加标准化的升值，在这种布置中，南方朝向和对每个房间特定维度分级的尊重都被考虑在内用以保证一种相当标准的质量和地位。有意思的是，相比于西方传统，大厅与客厅一起更易于成为整个住房中最共有的部分，而饭厅则被用于私人使用。

总　结

很容易描述Moma开发项目而没有注意到"门禁住宅小区"的性质，因为它们确实就是这样。在一个都市和建筑环境都被认为基于封闭概念的城市中，这种"门禁"元素并没有产生贬义的意味。在绝大多数传统胡同中，人们总是沿着封闭和不能穿过的墙壁行走，四合院则是完全私人的，不对外开放的。但是旧城区较大的街道现在都变成商业区并且有了街道活动，这其实跟任何欧洲传统城市迎合大众的方式非常相似。所以问题是复合体在很大程度上对未经许可的公众是封闭的，也就是对一个社会同质的"社区"封闭，但更关键的是没有足够的临街面能够维持行人活动，而这一切并没有考虑到它的中心位

左上图：Pop Moma住房的厨房。它与饭厅之间的隔墙是完全光滑的。

上图：从Pop Moma西塔向东看去的场景。

比例1:1250，典型的黑白色Moma塔楼的平面图。

置。在这种情形下，Moma是一个非常正面的例子，因为通过街道的休息区带来的可渗入性使得公众可以进入底层的商店。不论是否有门禁，这座复合体仍然具有郊区特性，这种观点是相比于同等重要但没有门禁和对汽车依赖较少的柏林Hansaviertel小区（见第128页）而言的。仍在进行普遍讨论的问题是如何在临近高层建筑的地方维持公共生活。有趣的是，在高层建筑和门禁社区之间的关心是在所有方向都一同工作的：塔楼看起来是一个门禁社区开放商的首要选择，因为它能满足市场需要和土地使用效率，但没有包括其高密度和类型独创性，塔楼和它创造未定义外部空间的趋势多少暗示了门禁方案，即使是在一个街道犯罪率非常低的国家也是如此。既然这样，由单一私人公司负责的封闭和管理防止了未充分利用外部公共空间的维护问题，这在世界上其他地方上的小规模住宅开发项目中也是声名狼藉的。

理解这种现象的另外一种方式来源于一个简单的事实：土地大量场所的可用性，使其从地籍限制中解放出来，这些快速发展的开发公司对于这些场所的需要在逻辑上也支持了这些私人化城市场所的出现。这个项目没有规划当局进行干预，对这些已经得到证明的概念进行持续不断的重复就不会让人感到惊讶，特别是考虑到相对于这种连续都市进化的背景。

比例1:2500，城市平面图。

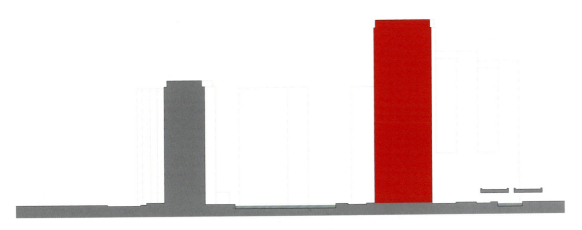

比例1:2500，城市剖面图。

滨海天使湾码头

地点：法国维伦纽夫拉波特新城
时间：1969—1993
建筑师：André Minangoy

这座令人印象深刻的住宅综合区位于法国里维埃拉，在尼斯和昂蒂布之间，将自己定位在山脉和大海之间，而不是定位于它的直接环境中。这4座高约70米的波浪起伏的金字塔总共有1300个住房，环绕着这个宜人的港口并将对公众开放的内部远离烦人的铁路线。它与最长也是最北边的一个弯曲板式住宅相连，一个线型单层建筑提供了餐厅和零售商店以及地下停车场。现在一个预期的计划，即滨海天使湾项目已经因其建筑而广受好评，但大多数是批评其以一种相对野蛮的方式插入一个庄严的自然环境中。从1973年的"滨海法律"开始，已经禁止因为私人动机而对海岸线进行修改。这个项目与比其大得多的在郎格多克地区的拉格朗德默特开发项目是同时期的，同时也是法国在20世纪六七十年代致力于发展其旅游业的象征。

Icon Brickell

地点：美国佛罗里达州迈阿密
时间：2006—2008
建筑师：Arquitectonica

　　这个豪华公寓和酒店开发项目是新一代住宅塔楼中最大也最具特性的例子，这会有助于迈阿密闹市区的复兴。这3座塔楼被放置在一个中央平台附近，这个平台除了主要用作停车场之外还有其他功能。在这个大型地基的顶部是一个基本不对社区和公众开放的游泳池和娱乐区，从上面可以看到整个城市、迈阿密海滩和比斯坎湾的独特景色。作为一个门禁社区和温哥华风格基座塔楼的混合体，这种开发与其周边环境保持了一种轻微矛盾的关系：虽然很明显地会被设想为一个欣赏都市环境的流行趋势，但这座建筑和特别是它底层并没有明确的处理并使邻近的街道空间变得活跃，而这是在市中心所期待的效果。因此Icon Brickell发现它处在一个大型度假建筑的当地传统中，而这个传统最近正在将市郊化和汽车导向的生活方式调整为对规划闹市区复兴的需要。

六本木山森大厦

集群建筑：巨型高层建筑
地点：日本东京六本木
时间：2000—2003
建筑师：Kohn Pedersen Fox 联合公司（KPF）
六本木山复合体总体规划师：森大厦株式会社
客户：森大厦株式会社

类型分类：集群建筑——巨型高层建筑
建筑高度：238米
建筑覆盖率：65%
容积率：7.12

这像一个现代版本的巴别塔，KPF设计的六本木山之塔的巨大体积在它的周边环境中显得格外醒目，进一步提高了这个城市的高层建筑声誉，东京仅仅在1968年才修建了第一座现代办公塔楼——霞关大楼。

历史/发展过程

这座建筑耗费了17年才完工。不像这种规模的其他项目，达到11公顷的总建筑面积并不是这个地点的历史和最初形状的结果，而是土地所有者和开发商森大厦株式会社进行零碎土地收购和谈判的长期过程的结果。在1986年东京都政府就已经开始设计这个区域，官方宣称其为"六本木丁目"，是一个"重建诱导区域"，这项日本最大的私营成分重建计划涉及差不多500名土地所有者。这个区域中差不多有400名权利所有者参与这个项目，占到原始数据的80%。随着《日本城市重建法》的出台，他们将他们的权利转换为这个项目的参与权：也就是说，在这个新开发住宅塔楼的底层的所有权。就结构本身而言，这就是这个巨型项目中最复杂的部分，差不多耗费了3年时间。六本木山是森大厦株式会社提出的6个相似的多用途建筑概念中的一个，著名的方舟之丘项目位于阿拉斯加，从1986年开始就成为这个项目的先驱者，同时也是在实施过程的尺寸和长度方面最具对比性的项目。

六本木山不光仅包括森大厦，同时还

有一整个高层、中层、低层建筑的集群，其中包括一座酒店、若干住宅塔楼、一个公园、一个户外运动场和由Fumihiko Maki设计的朝日新闻广播电视台。

都市形态

非常有意思的是认识到，顾客和设计团队一方面决定通过对设计任务细分并回避重复性的建筑语言（这对于一个整体规划私人项目来说是一种更加不同寻常的设计态度）来隐藏上述提及的集群建筑的互补性，另一方面却人为强调主塔楼的视觉存在感。因此，这整个总体规划看起来像坐落于一片由小得多的建筑构成的建筑海洋之上的一个单体凝聚、超高密度的巨型建筑，但是没有完全失去与周边建筑规模和特性的接触。仿佛一个带着莫名的优雅的庞大空间入侵者，整个项目同时看起来像是从它的周边建筑中垂直挤出来的一样，由多重精心设计的露台和公共空间构成其式样，而不同于在六本木常见的小型和中等规模布局。这种背景设计哲学（大概会让人回忆起老式的城堡城市）的原因或许不仅仅是选择的问题，而且也是之前提及的该地点的发展历史和逐渐扩展的结果。对于日本开发界来说，这种将标志性建筑的设计（通常由国际知名建筑师设计）从像住房这种更加重复性的任务中分离出来的做法也是非常典型的，后者目前都倾向于在内部进行设计。许多像新鸿基地产或者Squire这种香港的大型开发商都是采用类似的方式。

总体规划中松散的几何学无论从哪种角度来看，都与西新宿区（见第64页）、虎之门区或者最近新开发的丸之内区严格正交和网格化的塔楼区域形成了鲜明的对比。即使这些塔楼基座中的商业区和餐饮区的设计（由Jerde合作公司负责）看起来也是遵循一种稍显迷宫式和无序的结构，与六本木或者原宿区周边的街道和小巷没有什么不同。

开发商森之厦株式会别具一格地通过开发城市管理的奖金制度来使这个地点的开发潜能得到最大化。这是通过提高场所的公共渗透性、附加道路以及在这个建筑顶部放置一个大型美术馆——森美术馆来实现的。这种干预有助于将可允许的容积率从大约3.20提高到7.25。

塔楼北面入口前的公共空间景象。这个区域坐落在一个基座的顶部，以直接与地铁站相连为特色。

包括博物馆、美术馆、酒吧、餐厅、零售商店、办公室、酒店、电影院和公寓等这种大范围多功能的存在也是城市政策的一部分，但组成方式则是森之厦株式会开发模型的中心思想。没有用街区规模来支撑这种混合体，这个公司对于这种压缩城市的思想则是在每个单一地点中让混合最大化——被认为是这样一种原则，同时还有大量内部和外部的绿化，这对于城市开发的未来可持续性是极为重要的。直接与公共运输网络相连也是这个策略的一部分。公司与其他世界城市的中心区域进行了对比，尤其是纽约，意识到东京总体偏低的建筑高度和住房空间的缺乏造成了过长的交通时间以及相当低的人均绿色空间。

建筑学

主塔楼壮观的规模并不仅限于一种视觉冲击：这个建筑使用了非常深的楼层板，遵循了这种建筑在日本的传统。塔楼的中心部位是正方形的，其边长达到了惊人的39.8米。这包含了技术装备、电梯和厕所。周边办公室的楼层板深度在14.1米到22.1米之间，考虑到自然光线在工作场所中的程度，这种尺寸按照欧洲标准只能被勉强接受。使用这种深楼层板的趋势可以通过日本早期对办公室采用的"开放式规划"配置来解释，在那个时候其他国家的大部分雇员仍然呆在单人间或双人间中工作。这种传统更受到开发商友好型建筑规则的提倡，但随着未来对于光线和能源消费的限制，这种传统可能会受到挑战。但是从都市和建筑的观点来看，这种庞大的特征给建筑带来了一种非常个性化和标志性的表现，又通过这种被广泛与武士超大号盔甲做对比的不对称表面设计而得到加强。

这座办公塔楼地面高度共计54层，其中最下面6层被用作购物中心，最上面6层则是森美术馆以及一个观景平台、一个私人会所和一个图书馆。虽然这种方案和运用在欧洲开发项目中也有增加，但是成功率和对垂直布局分层的漠不关心使其看起来仍然像是符合亚洲特殊性的外国习俗。这在东京以银座、新宿或者涩谷等为代表的密集度最高的娱乐区中的老式中层建筑中更是如此，人们可以在这些建筑中的同一层找到餐厅、美发店和小型零售商店。

左上图：公园的景色，朝日新闻电视广播室在左边，塔楼的景观基座在右边。看起来像从土壤中生长出来，有效地处理了这个场所的山地地形。

上图：塔楼迅速成为东京市的主要标志。它的外表被解释为武士盔甲。

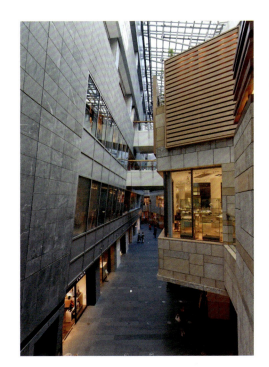

最左图：塔楼基座中购物中心的设计重复了外部景观的形式语言。

左图：不考虑东京城市布局的致密问题，并考虑到它的高度和被抬高的环境，六本木山森之厦可以从很远的地方看到。

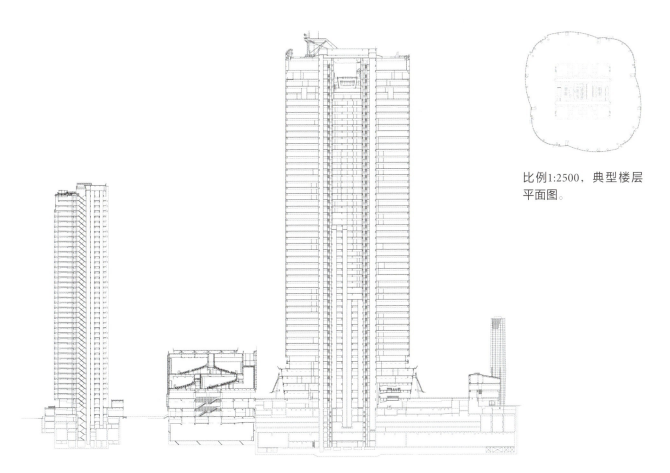

比例1:2500，典型楼层平面图。

比例1:2500，六本木山森之厦剖面图，附有它的基座以及一座相邻的住宅塔楼。

总　结

　　Minoru Mori强烈的开发观点、他公司建筑项目的规模和成功以及对他古代家族姓氏自豪地使用会让人想起洛克菲勒的案例（见第88页），唯一的区别在于房地产建造是森家族的中心活动。这会提出有关个人兴趣和个人动机对于建筑质量影响的问题；或者更进一步说，一个家族企业是否会创造与上市开发公司不同甚至"更好"的都市环境。这种闲置问题很难回答，但值得注意到一个更加实际的经济问题：森大厦株式会社对这个事实非常紧张，即与土地所有者的漫长谈判以及总共17年的开发时间，只能通过私人公司的长期远景得以实现，这种长期远景并不一定非要满足股东价值概念带来的经济需要，而这正是上市股份公司的基础。这个概念可能也会被有争议地描述为最小阻力和最快获利的方式，因为这确实不需要被当作可持续性和设计质量的许可。在这个特定例子中，这个问题成为对现有地籍结构的一种修正，是必要的努力，也是这项工程实施的可用工具。六本木山的例子从法律上来说与拉德芳斯或者浦东等白板实例不同，它展示了因为个人主动性要求的强烈视觉效果和长期开发远景带来的变化。

六本木山森大厦

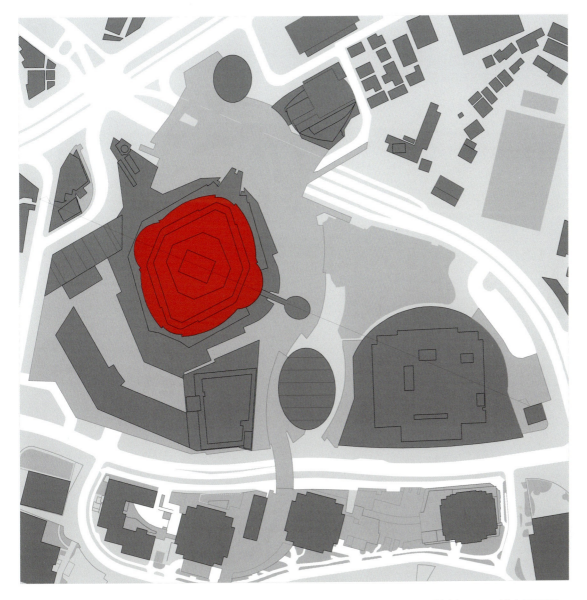

比例1:2500，城市平面图。

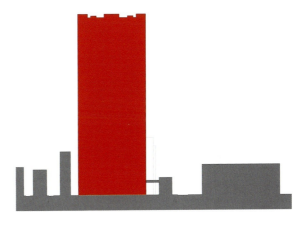

比例1:5000，城市剖面图。

中央公园

地点：委内瑞拉加拉加斯
时间：1970—1984
建筑师：Siso、Shaw 联合公司

由于规划和建造的长周期，这个尺寸巨大并带有启示录式表达特性风格元素的建筑的建造从20世纪70年代早期一直持续到80年代早期。位于作为战后时期城市主要延长线和交通要道的玻利瓦尔大道中心位置，这个开发项目包括5座44层楼高的板式住宅楼和南美最高的56层的塔式办公高楼。包含3500间住房和可容纳16000人的办公空间的整体建筑建造在一个混合功能基座上，其中包括一个博物馆复合体、一个游泳池和8000个停车位。这个建筑的突出部分和若干行人天桥均跨过了这个繁忙的大道，并将中央公园与周边建筑联系起来。这种干预的尺寸、这种毫不妥协的构想以及多功能实用的建筑，看起来就像一个更加大胆的拉丁美洲版本的伦敦巴比肯中心。

@Duxton 大楼

地点：新加坡
时间：2005—2009
建筑师：ARC 工作室、建筑+都市生活

作为新加坡对公益住房进行第一次国际竞标的结果，总计1848个房间的7座塔楼社区由建屋发展局（HDB）在丹戎巴加的中心位置进行修建。2座分别位于第26和第50层楼的带有运动场、花园、健身馆和慢跑道路的天桥为这些50层楼高的建筑之间提供了人行通道。与通常的公益住房极为不同，这种特殊的设定和建筑同时在建筑底层精心设计的公园和倾斜的表面中也反映出来。外观布局的不规则性是基于购物者对于凸窗、播种筒和阳台的选择。这种非同寻常的开发模式今天在美洲或欧洲城市中是很难想象的，它取代了HDB于1963年在这个区域同一地点修建的第一座板式住宅大楼。新建筑象征着这个城市对于高层建筑生活非常积极的态度。

Hansaviertel 社区（Interbau）

集群建筑：Towers in Nature
地点：德国柏林
时间：1956—1960
总体规划师：Gerhard Jobst、Willy Kreuer、Wilhelm Schliesser（与 Otto Bartning 一起）
客户：汉莎 AG 公司

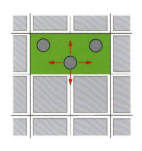

战后时期住宅环境充满着对便宜并修速度快速以及解决住房短缺危机的需要。在斯图加特前卫的维森霍夫展览会之后仅仅30年，柏林在1957年提出的Interbau计划就为建筑师提供了将修改版的早期现代主义格言付之实践，并引领未来的方式。

类型分类：集群建筑——Towers in Nature
建筑高度：52米
建筑覆盖率：11%
容积率：1.72

历史/发展过程

与柏林许多地方一样，这个富足并被追求的Hansaviertel地区在第二次世界大战期间几乎被完全摧毁了。它于19世纪晚期修建在柏林市中心蒂尔加滕公园北面的一块湿地上，这个典型的周边街区开发主要包括了3个上部楼层、1个抬高的底层和1个复折式屋顶。在战争结束时，343座建筑中的300座已经不复存在，而剩下的也遭到严重损坏。

1953年，在稍早时期的蒂尔加滕区的倡议后，柏林市组织了一个总体规划竞标。Hansaviertel区最终作为唯一一个至少包含了Hans Scharoun对于柏林战后重建和空间重新组织提出的绿色规划元素的区域出现了，这是在1946年由同盟国指派的。由于对时间和成本方面非常实用性的考虑，Scharoun对城市景观以及大幅度调整过的基础设施网络的激进思想在这方面有着非常迅速的推动作用。他的观点并

Hansaviertel社区（Interbau）

左图：从城市列车上看到的Hans Schwippert设计的塔楼的景色。它标志着这个顺着铁路轨道的5座尖顶塔楼排的东部终点。

右上图：Schwippert设计的塔楼融入景观概念。

右下图：Gustav Hassenpflug设计的塔楼，Eugène Beaudouin（同见摩纳哥，第162页）和Raymond Lopez（同见塞纳河前区，第136页）的提案在右边。

没有被遗忘，作为由Gerhard Jobst、Willy Kreuer和Wilhelm Schliesser选出的98个提出方案的评审团成员之一，Scharoun的投入对于柏林的发展有着持续的影响。

都市形态

获胜方案中的都市设计规划出一个对Hansaviertel区的设计，它非常罕见地直接拒绝了在规划中的街区元素中创造出任何正交关系。这个方案的一个主要规则是在朝向蒂尔加滕公园的两个开放空间中相当松散的限定，但只有第二眼仔细观察时，它才会变得清晰。除了由Martin Gropius和Marcel Breuer设计的在宾夕法尼亚州的铝城住房项目以外（1941—1942），很少有其他前例存在，所以这个提案进步的本质应该认为是与东柏林斯大林大道的修建有直接的政治关系的，这条大道在Hansaviertel区竞标举行前几个月才刚刚完工。基于柏林的历史空间秩序，社会主义政权在东德已经谱写了不朽的住房轴线图，意图在社会性质改变的情况下，重现工人阶级光荣的经典的空间秩序。另一方面，西德已经成为铁幕国家，Jobst和Kreuer的方案站在与其完全不同的立场，通过对Le Corbusier在1943年提出的"雅典宪章"以及与这个区域之前存在秩序完全没有任何一丝相似之处的绿色城市远景的运用，来高举对西方自由和进步美德的庆祝。同时也因为对于斯大林大道方案及其政治背景明确的拒绝，Hansaviertel区修建的那块土地最终恢复旧态，成为私人小型的所有土地。但是这只是临时的，所有土地在法律上都是归公共团体汉莎AG公司掌控和所有的，所以历史规划被永久地抹去了。至关重要的是，作为一种解决方案，社区所有土地的共产主义模式最初也受到西方规划者的喜爱，而不是对其重复。

建筑学

Hansaviertel区最惊人的一个特性就是之前提及的建筑重复的匮乏。那个时期的大部分住房开发项目，或者至少像伦敦西南的罗汉普顿或者法国的大型社会住宅区（见第96页）这种知名的项目都是因其令人印象深刻的规模和历史规划方法为主要特征的，而这种规划方法又经常导致单一公众顾客的联合，以及建筑师和都市设计师都是同一个人。依赖于，或者有争论地认为不依赖于个人的才能，其结果通常都是重复性的，并且缺乏复杂性。

以IBA为例，历史规划方法就不实用，而作为Interbau的基本概念则邀请了许多建筑师参与项目和建设，而不是采用只有一个获胜者的竞标形式。国际建筑展在德国规划自主性方面取得了一系列的成功并且在当今仍在继续开展，因而它的概念凭借其自身力量被视为城市规划准则（虽然几乎都是很偶然的），一种能够鼓励和支持建筑师多样性的方法，而不需要依赖同时期的规划哲学。

按照这种精神，35座大楼共计1160个单位由43个国家和国际建筑师一同打造，其中知名人士包括部分现代主义建筑名人录中的Alvar Aalto、Oscar Niemeyer、Max Taut和Egon Eierann。

6座尖顶塔楼中的5座位于该地点的北部边界，1座位于西南角，它们的相似之处很少，除了高度大致都在15至17层楼之间，以及几乎都是正方形的足迹。在平面布局、海拔和雕塑外观方面有着高度的干预，它们与其周边建筑都分享着同样一种未经掩饰的和生硬的关系，在这种关系中简单几何形的建筑体带着谦虚展示的基座落地生根，如果有的话。在使用方面，最西方成排的塔楼是由意大利人Luciano Baldessari负责的，它是唯一一个将银行作

象征性的两极分化因为最后时刻关于将在Hansaviertel区重建的地位从地方自主性抬高到一个国际建筑展（IBA）而得到进一步加强，其计划成为德国从1957年开始的战后文化议程中的重大事件。从实用性和都市性的角度来看，其主要结果是获胜方案对于板式类型的重复使用被认为是完全不合适宜的，这个方案为了包含更多种类型的建筑在Otto Bartning的监管下进行了修改，包括独户住宅和尖顶塔楼。尖顶塔楼实际上是受到由建筑师Kurt Kurfiss带来的竞争而激发出来的，它具有双重职能：随着铁路轨道而放置，它们一方面将注意力从住宅区域不适当的组成中转移出来，但另一方面则清晰地在集体记忆中划分出作为整个地点空间边界的界限，这从远处就可见。

左图：由Hermann Henselmann设计的东柏林法兰克福门的两座塔楼，这是宏伟的斯大林大道开发项目中的一部分，这也是IBA的1957年计划在意识形态和都市化上的对应。

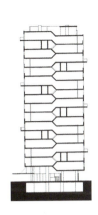

比例1:1250，Bakema和van den Broek设计的塔楼的剖面图。

比例1:1250，Bakema和van den Broek设计的住宅塔楼的平面图。它包含了巧妙设计的分层公寓。

为公共设施包含其中的塔楼。就像绿色公园中的物体一样，这些建筑易于通过距离来获得吸引力，精心打理的绿色景观看起来就像与建筑体达成了完美的结合。

总　结

Hansaviertel区的Intebau过去和现在都被认为是相当成功的。它不仅展示了"明星建筑"的随机装配，同时试着将所有这些珍稀的元素放入一种基于Jobst和Kreuer调整方案的都市逻辑中。自然和建筑元素之间的平衡被技巧熟练地进行了实施，这也是在项目最开始时就将风景园林师包含在内的一个结果。例如无止境的建筑重复以及对于开放空间的忽视等所有这些类似任务的缺点都被避免了。

Hansaviertel区的建筑的卓越性是无可否认的，虽然这其中存在一个很大的困惑。经过再三考虑，这种困惑看起来无法回避的是与"城市景观"对抗性的重要概念联系在一起。将"公园中的大都市生活"的概念整合进入这个提案中是整个设计纲要中的决定性因素，而不是选择更加田园化或都市化概念，表明了对另一种版本都市生活的追求。从这种观点来看，新街区这种相对低的密度看起来是会被质

Bakema和van den Broek设计的彩色塔楼，它的大多数分层公寓都包含着特殊的发明和复杂的内部装配。

疑的，就跟作为柏林过去反例的空间"自由"的整个概念一样，而过去柏林被称为"一座租赁工棚的城市"。这种概念迫切要求避免建筑之间的直接几何关系的表达，在今天看来就像一种夸张的建筑理论和社会历史的象征性遗迹。低密度和对街道景观的刻意避免，所有这些元素的结合现在或许被理解为一个成功的都市环境的阻碍条件，但它本质上又是把握整个项目绿色空间的本质。高层建筑的使用进一步强调了这种关系，与建造高楼联系在一起的相当大的努力和成本通常是由其提供的高密度得以平衡，在这里看起来是一种非主导逻辑。从现在的实用性观点，这种绿色"城市景观"概念的空间强度看起来是被更加绿色的相的邻蒂尔加滕公园给稀释了，这个紧邻的不同寻常的绿色特性没有被用于边界附近的密集开发是很令人惊讶的，这可以以纽约中央公园为例。讽刺的是，在低层建筑的世纪末版木中，这也是项目在战争损毁之前的历史起点，那个时候这个地点仍然被创建期的住房公寓覆盖。一种经济性以及不那么主观的分析或许会质问现有密度是否能证明目前这种出色的运输网络的存在，因为它并不像其他更加密集的主流城市那样位于城市中心。

Hansaviertel社区（Interbau）

比例1:2500，城市平面图。

比例1:2500，城市剖面图。

马赛公寓（光芒四射的城市）

地点：法国马赛
时间：1947—1952
建筑师：Le Corbusier

Le Corbusier设计的18层楼高的板式住宅被认为也最终成为战后时期住房建筑中最具影响力的高层建筑模型之一。基于他从20世纪20年代开始发展的理论，他的方案着眼于解决住房需要并为水平版本的花园城市提供垂直替换方案，他的这项理论参考了法国哲学家Charles Fourier在19世纪早期对于法兰斯泰尔的乌托邦式观点以及中世纪修道院和现代客轮。通过使用模块结构技术进行施工，就仿佛一个屋中城，提供健身房、幼儿园、游泳池和内部商业街等独裁国家必需的所有事物。这种包括对流通风复式住宅和屋顶花园在内的优秀的建筑质量和复杂性导致了比预算更高的成本，在随后几年中Le Corbusier只接到了4个在其他城市可以复制这种公寓的邀请，包括1957年柏林的Hansaviertel区（见第128页）。这种严格东西导向的板式住宅与其周边建筑的关系是相当冷淡的，违反了项目与Le Corbusier早期方案的精神关系，后者是针对一座有相似名字的城市——光明城市——提出的一个激进的新城市结构（1935）。

牛顿公寓

地点：新加坡
时间：2004—2007
建筑师：WOHA

新加坡的总面积相比于柏林市要小20%，这个繁荣的岛国平均每平方千米的人口数量为7000人，几乎是德国城市（低）人口密度的两倍，但是国家建筑高度却排在世界第三。由于其小型的规模以及岛屿的平整度（特别是与香港夸张的地理环境相比），所以人口分散在整个国土范围内，创造出一种非常特别的城市环境，即仅有历史核心区域才是独有的高密度环境。在这种背景下，高层建筑有利于在人口增长的条件下保护这个城市相当出名的绿色城市特性。36层楼高的牛顿公寓是以一种特别的文学方式来做到这点的，就其本身而言是对所处位置的热带气候的优点感到乐观。这些建筑都带有植物墙、天台花园和为数众多的阳台，仿佛绿化景观就是一种建筑材料。这与相邻建筑一并形成了高楼集群建筑，这个集群带有不同寻常的特性，仿佛是郊区、公园和城市中心的混合物。

塞纳河前区（博格勒）

集群建筑：基座之上的高楼
地点：法国巴黎
时间：1967—1990
总体规划师：Raymond Lopez、Henri Pottier、Michel Holley
客户：SemPariSeine

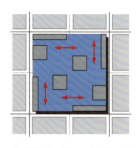

类型分类：集群建筑——基座之上的高楼
建筑高度：98米
建筑覆盖率：48%
容积率：4.17

从埃菲尔铁塔向南步行5分钟，就会看到一个非常不同但又不过于激进的法国版高层建筑。1959年便首次提出了建筑梗概，但最后一座建筑直到1990年才完工，整个项目的时间跨度达到30年，并在这个过程中对方案进行了逐渐调整，但是最初设计并没有基本损失。

历史/发展过程

1959年一项由巴黎市政府委任的规划中，在第15区的博格勒地区被认为是都市革新的重点区域。本次研究的作者，建筑师Raymond Lopez最终选择与Henri Pottier通力合作，对占地面积为29公顷的土地做了精心的规划，这块土地最大的使用者是一座雪铁龙的工厂。Michel Holley作为首席设计师也一同参与，他们为这个新创立的半公共性质的开发公司SEMEA 15提出了一个严格坚持CIAM的观点和Le Corbusier于1943年提出的雅典宪章的总体规划，这个公司现在被称为SemPariSeine（公有制占主体，由当地市长领导）。在一个尺寸相当大的基座上修建高层和中层结构建筑，这个项目的确呈现出一种最令人印象深刻的和激进的现代主义运动晚期的市中心规划方案。流通和功能的分离、建筑元素的自主性、从地面上的解放以及高层建筑统一高度（98米）的使用，是那个时期对都市规划原则最常见的解读。对运动分离解决方案的垂直分层方式，实际上优于雅典

塞纳河前区（博格勒） 137

左上图：从基座上层平台的西南方向至东北方向的景色。

上图：从Linois大街和Emeriau大街的街角看到的景色。

宪章的分区规定，这也受到乌托邦式远见卓识的启发，这种远见可以追溯到19世纪晚期及20世纪早期，如Eugène Hénard和Ludwing Hilberseimer等人的思想。但是博格勒或者所谓的"塞纳河前区"并不是法国唯一的这种类型的基座开发项目，像同时期的拉德芳斯项目、蒙巴纳斯购物中心和在第13区的意大利区都采用了类似的方法。但是与这些项目相比，这个地点对于洪水的脆弱性——这也是历史上稀疏建筑密度的一个原因——补足了创造一个人造地面和被抬高的流通层次的基本原理。事实上如果不考虑它形式方法上的激进主义，作者并没有将这个项目考虑成是与当地环境脱离的。实际上它因为非常巴黎化而受到赞扬，这是由于这些塔楼的一致高度让人回想起传统周边街区的固定基准。

都市形态

在基座的服务街道和停车平台（它们都采用普遍的9.45米×9.45米的结构网格）之上，Lopez和他的团队"雕刻"出一个多功能都市景观，其包含了住宅、办公室和商业活动。他们同时也精准地划定出一个针对所有在建建筑的当地和围护结构。这种对于塔楼和低层建筑之间的分散空间安排是为了故意避免突出任何清晰的层级制度、中心轴或者首先角度，这个方案在概念上看起来像一种三维网络和图像的覆盖图，而不是对空间的设计组分图。

对于这个项目格外有趣的一个方面就是它复杂的法律结构。最初SemPariSeine计划将这个塔楼开发地点出售成为租赁人，最终在70年之后将所有权归还给当地政府。但实际上，这并没有实现，因为绝大多数塔楼都是私人住宅开发项目，而他们的发起者并不相信可以以这种不同寻常的模式找到买家，至少在法国是这样。这个租赁方案因此只被用于建造在基座之上的低层且没有住房的建筑，而不是那些基座明显下沉至地面之下的塔楼。在最终方案中，SemPariSeine仍然是这个板式住宅

的所有者，与其顶层空间的私人所有者签订了维护合同。住房塔楼的开发商仅仅获得了建筑物足迹的区域，而不是周围围绕的土地。城市成为板式住宅之下的公共流通空间的所有者，但这也是在一次不同寻常的法律操作下才实现的，因为对于一个公共街道的传统定义会将所有地面之上的大气空间排除在外——这是无论街道是否被基座覆盖都不可能的事。

从左上部开始按照顺时针方向：服务街道上较低楼层的上部平台的景色。

塔楼（这里指由Batima开发的Tour Rive Gauche）的"细腰"维度是基于9.45米×9.45米的结构网格。这是为了解放基座空间对于公众的最大容量而引入的，但同时也能被认为是总体规划中的一种美学选择。

阿歇特大楼是在基座北部的一座中层建筑。

基座沿着Rue Emeriau的边缘。顶部和边缘之间的空间和功能分级并没有清晰的定义。

一条位于基座之下的服务街道。塔楼在这里有次要入口。基于舒适度的原因,它们经常被用作主要入口。

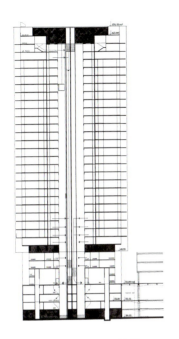

比例1:1250,由Batima设计的Tour Rive Gauche的横切剖面图,展示了基座顶层的"细腰"概念。

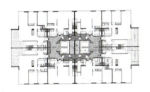

比例1:1250,由Isaac Mory和Michel Proux设计的Tour Rive Gauche的典型楼层平面图,每层楼共有8个单元。这种布局具有灵活性,这是通过将4个角落单元中的1个房间与建筑中央部分的房间相连而形成的。

建筑学

大部分塔楼都是住宅公寓,由私人公司及其各自的建筑师负责开发。但是从实用性和经验性的原因考虑,许多开发商决定与总体规划的作者一同进行建筑设计,所有许多塔楼甚至是由Lopez和Pottier的合作者及后继者(Lopez于1966年去世)的公司进行设计的。随着时间的推移,这个过程被认定是有问题的,SemPariSeine开始任命其他建筑师并组织竞标,有时甚至将一个已经完成的项目与有效的建筑许可打包重新出售。在总体规划框架内的这种建筑自由性被很有限地承认,在很多情况下受邀请的建筑师都放弃参与这个竞标。与高度和足迹的待遇差不多,设计纲要甚至规定每座塔楼的"细腰"基础应该超过5层楼的高度。

这个过程让建筑师的影响力甚至比备受批评的19世纪建筑都还小了很多——最臭名昭著的是由奥斯曼男爵设计的建筑——那个时候特定地点的建筑师必须尊重和遵从的东西不仅包括固定的街道线、预先制定的高度和后移,而且还要考虑到建筑美学外观的限制。由于塔楼的空间逻辑将环绕中央轴的住房规定为具有外向性的,博格勒塔楼的建筑师并没有机会对庭院和建筑体之间的关系进行定性,而这正是传统案例中所必需的,不得不用作为纯美学表达方式的规划和表面布局替换方案来满足它们。这种对于建筑和都市生活之间人为边界的替换和准废除明确标志着在建筑环境历史中一种最复杂的改变,在这本书的内容中不能得到快速的分析和解释。但是这种对于塞纳河前区不同寻常的兴趣在于它能格外清晰地展示这个现象以及认同这种大规模方法的能力,这种方法对于上述提到的法律问题以及在公众和私人动机及利益之间平衡行动来说,几乎是

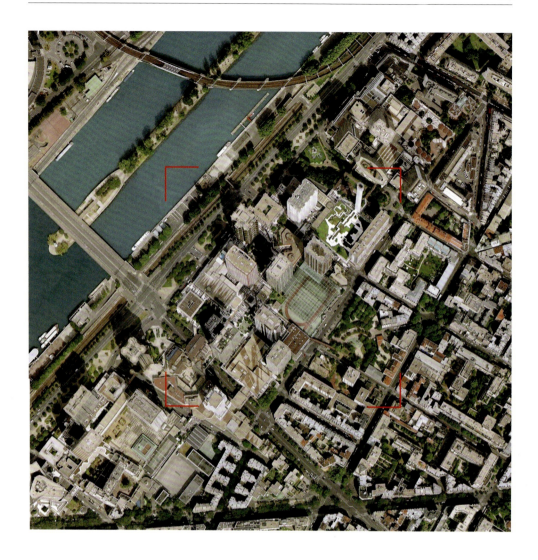

象征性的。或许有人会认同这种理论,即基座不光是一个实用性问题以及造成法律复杂性的一个原因,同时这些问题和复杂性也揭示了在城市开发逻辑方面发生决定性改变的征兆。这些改变也发生在没有基座以及没有私人投资的方案里,但在这些例子中它们会因为纯粹形式上的考虑而很轻易地被摒除。

总 结

塞纳河前区几乎不会成为法国首都最受崇拜的街区,即使这些塔楼公寓会因为它们的中心位置和独特风景而维持较高的价值。造成这种情况的一个或许也是主要的原因在于这些基座建筑的本质以及在一个抬高水平线上创造出一种场所感的困难度。针对初始方案的若干改变没有改善太多,或许会对基座没有作为塞纳河上的一座观景台而进一步向西扩展感到遗憾。或许同样会对被覆盖的入口和服务街道粗犷的特性逐渐及刻意地丢失而感到遗憾,废除了使用基座的必要性,而允许创建出一种在运动和社会互动之间的临界量。这对于商业用途来说尤为正确,因其倾向于沿着一个抬高的而不是初始规划的水平线放置。

为了解决这些问题,整个开发的主要工作目前正在进行中。基座的景观设计将会被完全重新定义,为了引领战后过时的产物进入21世纪,将会新修一个大型购物中心。

塞纳河前区(博格勒)

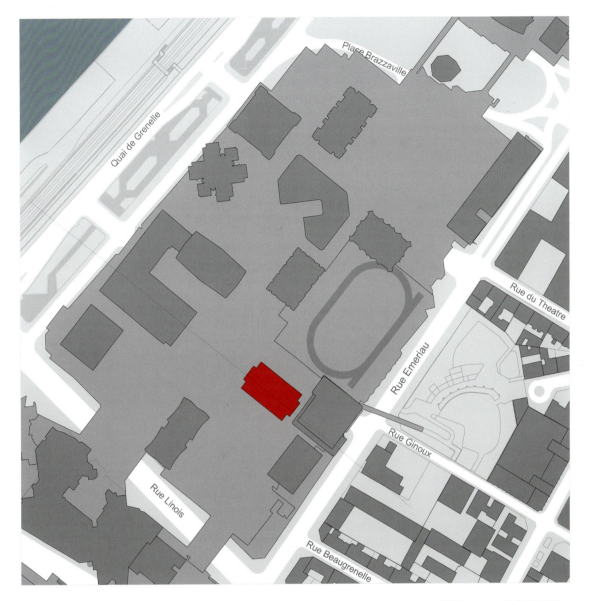

比例1:2500,城市平面图。

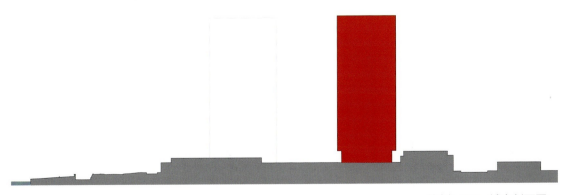

比例1:2500,城市剖面图。

朱美拉海滩酒店

地点：阿联酋迪拜
时间：2007
建筑师：WATG

这个占地200万平方米的项目是由开发商迪拜房地产公司修建的，总共包括了36所公寓和4家酒店塔楼。基座部分包括停车场和大面积的商业区，但如果不考虑一个内部购物中心的存在的话，它仍然尝试着通过活跃的店面来表述周边街道。这个开发项目涵盖了若干个街区，横跨开放垂直的街道和行人天桥。街区内部及其被抬高的平台都是对公众开放的，但实际上是为了塔楼中的住户而将其作为一个社区花园而进行设计的。

事实上这个开发项目看起来更像一个带有天台花园的修建在地基上的塔楼，而不是基座之上的塔楼，后者通常表明抬高的平台是整个项目的主要聚焦点。这对于欧洲市中心的标准来说是不寻常的，其基座适宜的高度并不像这座阿拉伯低层建筑那样惊人。虽然它们的密度很高，但抬高的社区花园的存在和偶尔出现的后现代主义设计特性，使得朱美拉海滩酒店明确地引起了香港超大型住宅建筑（见第188页）的出现。

Tour 9

地点： 法国巴黎郊区蒙特勒伊
时间： 2007—2009
建筑师： Hubert & Roy 建筑事务所
总体规划者： Álvaro Siza

由凯雷集团开发的Tour 9项目是属于正在进行的蒙特勒伊重建总体规划中的一部分，这是巴黎人聚居区中第四受欢迎的社区。凭借一条地铁线路，这个地点直接与中央巴黎的边界相连，仅相隔2千米。直到2006年时，Tour 9和两座相邻建筑由一个2层楼高的基座完成相连，这个基座几乎涵盖了这个大型都市街区的全体。在1992年，Álvaro Siza被认命为蒙特勒伊的中心提出一个开发方案，其中包括对这个雄心勃勃的现代主义开发方案的改进，而这个方案之前被认为是一种都市失败。结果是3座高楼得以保存，而它们的周边建筑和街区的空间逻辑被完全更改，这是通过插入公共空间和包含文化、商业和住宅在内的多功能建筑来完成的。基座消失了，独立式的Tour 9连同它有趣的色彩方案和26层楼的高度，现在看上去就像蒙特勒伊野心勃勃的城市更新的象征。这座塔楼不是第一座达到法国HPE（高活力展现）级别的高层建筑，但它还是在一座邪恶建筑的特性和效能是如何得以持续改善而不需要对它的完整结构进行高成本的拆建方面竖立了一个良好例子。混凝土板已经沿着建筑周边扩展了120厘米，这就使得之前不透明的包围变得连续而透明。

休斯敦市中心

垂直城市：美国闹市区
地点：美国得克萨斯州休斯敦

如果不是一个北美城市中心的抽象概念的话，休斯敦市中心看起来就是一个纯粹的例子。它完美的平坦的地理条件加强了城市的都市网格结构，而分区限制的缺乏又适应了这个空间体系的需要，而后者正是基于资本主义开发法律的。

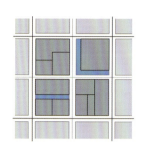

类型分类：垂直城市——美国闹市区
估计建筑覆盖率（同见城市规划）：90%
估计容积率（同见城市规划）：13.99

历史/发展过程

房地产投机是至关重要的部分，如果这不是起源于休斯敦历史的话。在1836年，从纽约过来的两位兄弟Augustus Chapman和John Kirby Allen买下了紧靠水牛河的一块土地，并展开了一个颇有进取心的营销活动，他们的策略是将这个新的场所当作一个未来极为繁荣的气候宜人的港口城镇进行宣传。他们将这个土地命名为山姆休斯敦，山姆休斯敦是一名英雄，并且从1836年9月开始就是得克萨斯共和国的总统，这个城市在1837年被包括进来。由于土地捐献和高超的谈判技巧，Allen兄弟说服国会选择休斯敦作为国家的首都，而在1839年这个城市又因为转赠给奥斯丁而被剥离。该地的经济依赖于棉花和贸易，但由于水牛河河床的浅度，使得进入大海的通道的问题比之前预计的更加突出。在经历过从较低水平开始的一个快速增长期之后，势头放缓了；直到20世纪的开端，随着一条运河、一个深水码头和得克萨斯分布最广的铁路网络的修建，休斯敦才确定了其作为一个主要经济首都的地位。将休斯敦在地图上坚定地标识出来的关键原

因是石油的发现，这加速了能源区块的发展，石油到现在仍然占到当地经济收入的一半。但是今天，石油的实际产量并不再继续扮演重要的角色，这个城市从20世纪70年代开始就已经发展进入全球能源和能源经济领域中一个新的战略节点。

房地产领域也跟随这种脚步，像Gerald H Hines等当地开发商对于现代办公空间的全球化有着主要影响，而这又是受到城市中超大型公司对空调全面开放办公室的快速需求的深刻影响。一个改良的方法在全球广泛流传。与像纽约这些历史更加久远的城市相比，其空间的相对自由性和可用度有助于建立这些新的基准。所以这个城市全球500强企业的密度在整个国家中排名第二。

都市形态

除了这个城市缺乏分区法律之外，从严格的都市和形式观点来看，选择休斯敦作为美国市中心典型但极端的例子的原因是与其正方形网格的准完美状态以及网格相对较小的维度联系在一起的。例如芝加哥或者洛杉矶，其网格长宽大约都是85米，而休斯敦的网格尺寸则缩短了20米，这至少在它的中心区域带来了一个数量很

从达拉斯街和方林街的街角向西北方向看到的景色。

少的几何异常。为了将城市强有力的经济和对于大型楼板的后续需要结合起来,这就意味着许多地点都是被单一建筑所覆盖的。由于达到这种情形,休斯敦更像一个抽象概念而不是一个模型,因为这种情形实际上是非常罕见的,即使芝加哥或者洛杉矶的最高建筑都是倾向于与周边建筑一起分享街区表面。其后果就是产生了这种特殊的都市景观,这能够让塔楼作为自主性和独立性元素变得更加突出,从而带来一种特殊的高品质雕塑质感。

地面的平整度加强了这种效果,同时也造成了物理障碍的相对欠缺。相对于曼哈顿的岛屿位置、旧金山的丘陵地形和环绕芝加哥的芝加哥河,休斯敦水牛河作为休斯敦自然元素的重要性看起来是被边缘化的,至少从今天的观点来看是这样。更具可持续性的干预则是高速公路的修

左 图:Johnson/Burgee 设计的美国银行大楼。同时还有一个中层结构附加物覆盖整个街区。

左下图:从贝聿铭及合伙人公司设计的摩根大通银行大楼看到的 Johnson/Burgee 设计的彭泽尔广场和美国银行(右)。

上图：从摩根大通银行大楼向西南方向看到的良辰美景。

左图：市中心中央位置的大部分开发项目都是通过地下通道相连的，其中包含了零售商店和餐厅。这些通道网络都是基于私人动机而修建的。

建，这使市中心的边界沿着河床向北部和西北部扩张。因此就可以有趣地观察到即使是在南部和西部这两个相反的方向，高层建筑都很突然地结束了，而像George R Brown会议中心和美汁源公园棒球场这种低层建筑被周边若干公顷的停车场所包围，这些场所距离贝聿铭公司设计的摩根大通银行大楼至少1千米远。

休斯敦的另外一个特殊性是其广泛分布的地下行人通道系统，这些通道在街道表面之下将塔楼连接起来。不仅只是流通区域，这个网络同时还为零售商店和餐饮业提供了大量的机会。空调是全年开放的，这些私人空间能让城市职员避免进入炎热和潮湿的空气中，但有明显的副作用，就是公共街道空间的活动明显减少。

建筑学

仅仅在几百平方米的范围内就有集中度非常高的令人印象深刻的非凡的高层建筑，休斯敦因此而出名：Johnson/Burgee设计的美国银行大楼和彭泽尔广场都是美国公司建筑中的里程碑，其两侧是贝聿铭公司设计的细长型的摩根大通银行大楼（这是得克萨斯最高的建筑）以及由Skidmore、Owing & Merrill设计的美国富

休斯敦的由Caudill Rowlett Scott设计的琼斯音乐厅和305米高的由贝聿铭及合伙人公司设计的摩根大通银行大楼,后者是整个城市最高的建筑。

国银行中心。后两座塔楼有一件事是一样的:从所有权考虑它们是覆盖了整个街区的,但因为狭窄的足迹它们留下的未建造的地点占有相当大的比例。这是值得注意的,因为休斯敦的规划规则并没有像东京或纽约一样在公共空间条款方面实行奖金制度。开发商的决定并没有包含整个地点,这没有受到可允许容积率提高的激励,而是出于对从商业上来说最具吸引力的平面规划的刻意应用。这一做法的美学后果是进一步强调了上述提及的都市棋盘中绝大部分建筑的雕塑质感。从建筑学来说,塔楼的平整表面及其整体表现,都遵守这些都市美感。由于在建筑底层中几乎一直缺乏零售商店,相比于下部和上部楼层之间的程序变化通常在对应设计响应中以基座的形式反映出来的多功能环境,这就更容易完成。

通过它特殊的建筑美学和土地及网格强大的平整度,休斯敦的市中心街景散发出一种强烈、有时又像幽灵般的气氛,这能让人回忆起空旷的意大利城市风光的经典呈现,在Giorgio de Chirico的超现实主义作品中更为突出。这种印象通过低程度的行人活动和炎热潮湿气候的特殊性而进一步被放大了。这些解读的主观性可想而知,它们不值一提,因为它表明高层建筑能形成传统意义上的都市美感,并且将自身放置在建筑历史之中，而不是象征着它的突然断裂。这种方案的合适性同样也是另外一个问题。

总　结

一个壮观的高层建筑核心区与同样壮观的城市扩展区的共存，已经清晰地证明了在典型的美国市中心中塔楼的使用对于总体高密度没有任何影响。公共运输的缺乏，加上相对低的功能混合程度，只能突出一个不令人吃惊的事实，那就是从历史上来说，可持续性就不是城市的主要驱动力。但是这个明显的简单性有利于更加清晰地突出其他另外一些有意思的特性，这是像纽约或芝加哥这种历史更久远、布局更复杂的城市所不能达到的。例如，它明确市中心是"非去不可的地方"而不是"看起来有价值的历史发展结构的原子核，明显已建造并会继续建造高楼"，至少在办公室使用方面是如此。在一个所有人都开车而没有人住在市中心的城市里，开发商愿意以最高的土地价格在城市中心土地上进行建造的原因尚不得而知。这产生了一系列关于土地价值的逻辑和动态、选择正确的建造地址和正确邻居的重要性的问题，但它也阐明了这个系统的脆弱性，如果没有通过一种可持续性和广泛的混合使用来平衡的话。如果城市中心没有住

位于休斯敦市中心广场区由Johnson/Burgee设计的威廉姆斯大楼（前身为电力公司大楼）。在1983年开始建造时，建筑高度为277米，是中心商业区之外最高的建筑。

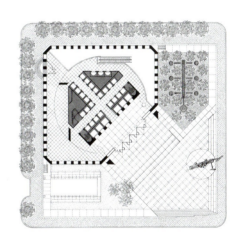

比例1:1250，摩根大通银行大楼的底层平面图，由贝聿铭及合伙人公司设计。

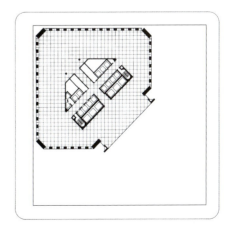

比例1:1250，摩根大通银行大楼的典型平面图。

房和零售商店，相当弹性的运输网络的存在并不是主要考虑，这个"地址"会迅速失去其吸引力，最终会被不同场所的更加现代的事物所取代。休斯敦市中心的广场区就是一个极好的例子。这个广场区是由Gerald Hines在1970年开始开发的，它启动了美国最壮观的购物中心——对米兰埃马努埃莱二世拱廊的一个商业性的复制，但随后也进化成为一个主要的商业区以及市中心区的竞争对手。相比于巴黎郊外的拉德芳斯、伦敦的金丝雀码头或者其他的欧洲实例，它的主要卖点并不是市中心区域不能容纳的楼层面板规定。类似的规划或者未规划，多节点都市开发模式的成功或者未成功，都已经发生在全球各地的许多城市中，突出了房地产市场中的恒定压力和动态常数。

另外一个经济上而不是建筑上的观察则聚焦于这些超高建筑的市场规模。在2010年，休斯敦整个城市超过150米的塔楼共计31座，200米以上的有14座，而250米以上的仅为3座。作为全世界最知名也是最富裕的一个高层建筑之都，它向天空中的发展是不存在任何规划规则障碍的，这或许是不那么被期望的。但即使是芝加哥也只有11座塔楼超过250米，纽约是9座，旧金山只有1座。这些特性表明了三件事：这些突出建筑物的市场实际上相当小；一些较小建筑的实际问题仍然存在；这些超高建筑脆弱的出现明显是若干因素罕见叠加的结果，没有建筑背后令人窒息的主动性，是不能轻易地进行总体规划或控制的。

休斯敦市中心

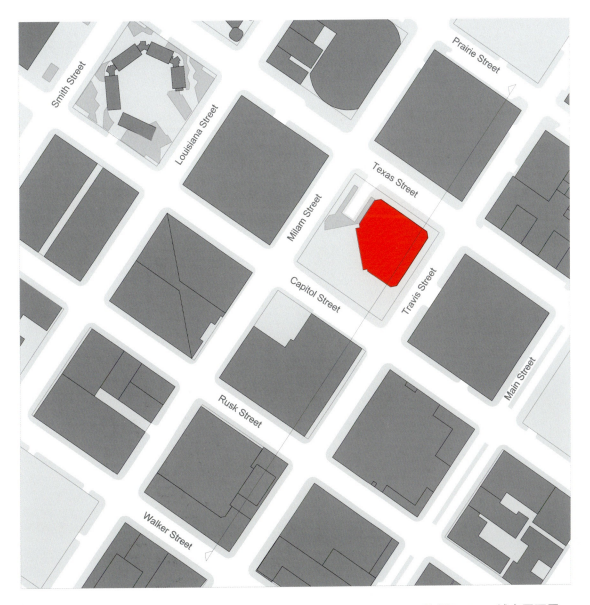

比例1:2500，城市平面图。

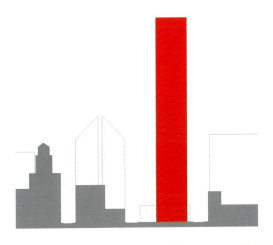

比例1:5000，城市剖面图。

Higienópolis 酒店

垂直城市：高楼准则
地点：巴西圣保罗 Consolação 区

Higienópolis在某些方面与曼哈顿类似，如果它没有采用联排住宅和花园城市的话。作为整个类型中最具代表性的建筑，它以一种格外连贯的方式对传统场所建筑和高层建筑出现之间的关系进行了例证。

类型分类：垂直城市——高楼准则
估计建筑覆盖率（同见城市规划）：41%
估计容积率（同见城市规划）：4.76

历史/发展过程

圣保罗由耶稣会于1554年建立，最初是宁加高原山顶上的一座小村镇。在它存在的头两个世纪很难进入，这是由于它所在地的地理条件以及自然资源的匮乏阻止了这个小镇获得一定程度的发展，它是由一些有特权的葡萄牙基金管理的。仅当这个城市的周边发现黄金之后以及咖啡和白糖贸易能极高地获利后，才使圣保罗得以改变并和港口城镇桑托斯一并发展成为一个主要的贸易点，在这各贸易点中，国内的重要性是高于国际的。第一条铁路于1869年投入使用，而具有重要意义的欧洲移民浪潮更进一步加速了城市的发展；在整个20世纪50年代，城市人口总数超过了它永远的对手里约日内卢，后者一直是巴西首都，直到巴西利亚的修建。里约（或者"奇妙的城市"，这是它的别称）是具有重要政治地位的城市，其发展有国家意愿作为支撑；相比于里约，工业首都圣保罗则没有一点可骄傲之处，在都市发展方面遵循的是"西部荒原"的方法，这种方法中政府的角色因其为尽可能地防止正在进行的残忍的、部分混乱的房地产投机的最

糟结果对所做的限制而臭名昭著。

有意思的是，城市的根基是在一个相对陡峭的山上，这导致城市中心结构是一个缓慢又连续的重建过程，而不是整个城市总面积的大量扩展。需要相当大的努力才能进入这个被抬高的中心区域，这是由于缺乏有效的运输手段，这导致发展逻辑是凭借对城市核心区域不断的拆毁和重建。直到进入20世纪，壮观的人口增长和高效的公共运输的出现才改变了这种逻辑，发展从历史核心区域快速传播到周边能够提供高品质生活的山地中。能证明这种情况的最著名实例是保利斯塔大道，它位于历史核心区域西南方向的一条山脊上。最终，这导致世界上总面积最大的城市的出现，它也是罕见的真正多节点大都市之一，在这个城市很难定义"中心"的概念。

都市形态

Higienópolis是首批圣保罗历史中心区之外的上流社会住宅开发项目中的一个。最初采用其中一名创始人Martin Burchard的名字命名为Burchard大道，Martin Burchard具有法国血统，而另一名创始人Victor Northmann则有德国血统；这个新的地区及其主要干道迅速采用了一个能够表现它一个最重要优点的名字来命名：在朝向保利斯塔大道的一个斜坡上的抬高和通风的位置，而在那个时候这里仍然是一片未开发的区域。在1893年，两个企业家从拉马略男爵和Joaquim Floriano Wanderley手中购买了这块土地，对其进行街道网格划分，并将划分出的街区进一步细分成能够满足快速发展的中层阶级需要的小块。周边的土地之前是被用于田地的，随后也按照类似的方式进行了开发。

与早期的欧洲花园城市没有什么不同，这些具有前瞻性思考的Higienópolis

上图：Higienópolis一个典型的街道景象。

左图：通过两个住宅塔楼向街区中心看过去的景象。确实很难想象进一步的密集化。

创始人确保了上流社会要求的长期可靠性，这是通过对外部空间的小心设计来实现的，包括1913年投入使用的布宜诺斯艾利斯检察院以及之前对于这些已出售场地建筑未明确的法规的确定等。相比于其他限制，从街道边界最小程度的后撤是必须被尊重的，对于所有非住宅用途的建筑颁布了一个特殊的许可，在卫生条件上存疑的壁龛是禁止修建的。这些条款中的一部分被证明是成功的，以至于被其他私人开发项目所复制或者为整个城市所采用，例如从街道线后撤；在1934年，市政府加强了建筑休会。大部分新的所有者和居民之前都是咖啡业巨头，他们在面积大约700~1000平方米的场地上按照折衷欧洲风格修建他们夸张的别墅。公墓是一个注定不能满足最高标准的地点，沿着这个地点的街区小块面积被限制在大约300平方米，其中布满了联排住房。一条有轨电车线将很受欢迎的地区与相距仅2.5千米的城市中心连接在一起。

建筑学

将这块广阔而富饶的农地转变成中等尺寸的严格正交的分配土地已经成为一个令人印象相当深刻的都市成就。但是从20世纪30年代开始，之前提及的人口膨胀和这块土地的名声导致一个非常与众不同并且在建筑上相当大的改变，但是场所尺寸却没有太大的变化。第一座公寓建筑是于1933年在Alagoas大街上建立起来的，随后的建筑逐步递增，但是更大的提速是受到

左下图：这个尤其长的建筑填满了这个地点的总体深度。

下一页上图：从Itacolomi大街和Piaui大街的街角向东北方向看到的景色。

下一页下图：大部分建筑都从街道和栅栏向后移。地下停车场则是将之前的绿色表面进行封闭的一个主要原因。

了分区和建筑规则改变的影响，之前的水平街区现在向天空中发展。高度超过2层楼的建筑数量从1930年的12座增加到1979年的652座。这些高层建筑在20世纪70年代的房地产泡沫中达到修建的高峰，建筑的最高高度经常超过30层楼。但是从街道边界向后移的规定是仍然必须被尊重的，场地覆盖率的增加发生在之前是独户住宅地点的后面和侧面，不论在什么地方想要购买相邻分配土地都是不可能的。对于Higienópolis的地理和生态的一个主要影响是地下停车场的修建是从20世纪50年代开始就逐渐流行了。连同场地覆盖率的扩张一起，这些高负荷的修建导致了表面采用混凝土进行覆盖封闭，其中部分是通过放置在缺乏自然土壤而采用混凝土基础之上的植物的装饰性使用来进行隐藏的。通过对新建的安吉里卡大街周边街区的观察，可以看出对于这条山脊也是一次彻底的转变：之前起伏不定的地面现在看起来就像步调一致的混凝土景观，沿着两个地点之间的内部边界观察这个现象最为明显，在这里两条街道的水平线在一个分隔墙的位置发生碰撞。尽管土地被封闭了，这是对真实自然的侵占，但建筑物从街道边界的后移以及精心设计的入口景观质量却创造出一种更加绿色的环境，而这正是周边街区所期待的环境。栅栏后移的另一个结果是导致建筑底层包含零售商店和餐厅的困难相对增加，由于这个原因这个地区严格彻底的混合功能看起来是更加水平化的，Higienópolis露台上的购物中心就是最好的例子。

要想仅仅基于人口压力和提供替代居住方案（公寓而不是别墅）的后续需要来描述这种惊人的垂直发展，会显得过于简单。最初的发展过程是零碎的，并与第一代大厦的维护问题联系在一起。由于社会结构的变化、咖啡市场的衰败、多重遗传

上图：一座早期的中层住宅建筑，它保留了屋前花园的概念，让人回忆起这个地区作为花园城市的历史。

下一页：保利斯塔大街以及主要办公塔楼的景色。这个地区在Higienópolis之后进行开发，现在是圣保罗一个主要商业区的中心。

问题，许多这些大型住房开始衰败，这对于越来越专业化的房地产投资者来说都是极好的目标。随着这个过程在20世纪三四十年代的缓慢开始，住房类型的运用变得更加明显，特别是在一个构建基础就是以欧洲风格建筑为导向的街区中尤为如此。

总　结

就像它的名字所代表的那种现代化、纲领性和思想性，Higienópolis——它的当代形式——必然会搅动这种混合感受以及任何相信现代都市生活和功能城市（由国家现代建筑协会定义，CIAM）原则带来的幻灭感。这后面的直接推理必须涉及一个明显过高的密度（至少在一些区域中是如此），这种

比例1:1250，一座1970年的带有2个住房的高层板式住宅建筑的典型平面图。服务区和主人区的分离强调了所有者的地位。

情况表明低等级公寓住宅对于光线和空气的缺乏。从更加理论性的观点来看，这几乎是独立结构的现代建筑风格与一种可以追溯到19世纪晚期的重复而传统的场地建筑具有讽刺性的结合，这带有一种明显的挑衅性质。在一些由著名的现代主义建筑师设计的项目中，这些建筑是直接并列的，尽管它们通常都会从街道边界向后移，但仍然形成一种被Le Corbusier批评性地打上"街景走廊"标签的街道景观。让事情变得更糟的是，为了换取大量绿色空间而形成的高层建筑现代主义应用原则，是完全遭到嘲笑的。因而Higienópolis看起来就像Le Corbusier针对巴黎的部分重建项目而提出的激进的"伏瓦生规划"中的一种激进的计算模型，它在如何使用独立式塔楼方面展示了一种最极端的例子。除了它的高密度之外，还有带有共用墙壁逻辑的曼哈顿式的替换方案以及香港的基座方法。这种住宅尖峰塔楼的现代概念可能会受到别人的嘲笑，Higienópolis展示了在现有及自然生长的场地结构背景带来的人口压力下，私人自主行为如何使用这些现代设计原则来表达"另类摇滚"。但是这并不意味着结果就是错误的；的确，Higienópolis是圣保罗少有的在过去30年中避免了与住宅人口斗争的一个中心街区，其到现在仍然是一个具有良好声誉的地段。

Higienópolis酒店

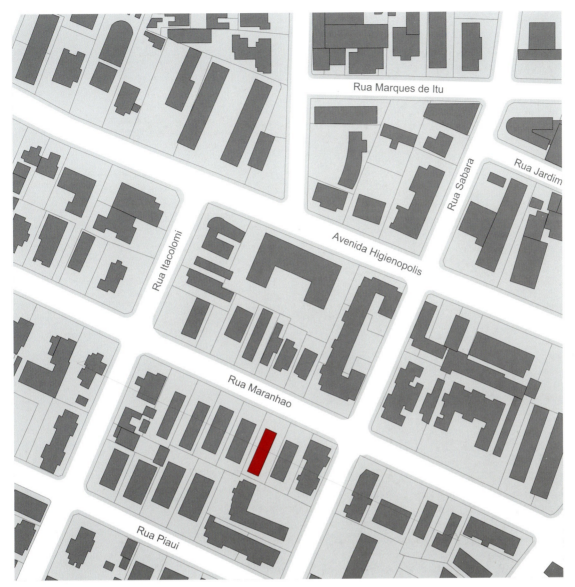

比例1:2500，城市平面图。

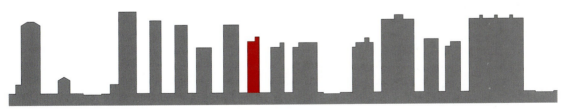

比例1:2500，城市剖面图。

摩纳哥

垂直城市：具有地理含义的高楼
地点：摩纳哥公国

在2平方千米的土地上仅仅居住着堪堪多于32000的人口，这座地中海城市（和国家）必然成为本书中各具特点的都市实体中最小的一个。但是它密集的建筑和拥挤的程度，也使其成为唯一一个不能成为一种概念和高效工具的垂直建造，而是迎合发展的一种简单必要性。

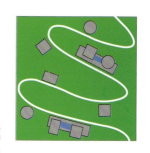

类型分类：垂直城市——具有地理含义的高楼
估计建筑覆盖率（同见城市规划）：25%
估计容积率（同见城市规划）：2.22

历史/发展过程

作为一个公国，摩纳哥的历史是与其创始家族——格里马尔迪斯家族紧密联系在一起的，其历史可以回溯到12世纪中叶，那时一位名叫格里马尔多的政治家成了富裕的热那亚共和国的领事。随后的150年则充满了混乱和内战，部分统治家族成员为了控制位于摩纳哥的被精心保护的罗谢（巨石）上的城堡而离开了热那亚，那个地方现在作为王国的基础已经超过700年了。这个公国直到1861年还包括罗克布吕纳和芒通的领主权，土地范围一直延伸到摩纳哥和意大利之间的边界。土地面积仅仅2平方千米，它作为世界第二小国家的历史也相对较短，并且经历过一种战略转移。由于缺乏自然资源、农业潜能以及任何传统工业，为了维持公国的地位和富有，就不得不选择替换方式对土地的剩余价值进行开发，所选取的方法是通过逐渐开发使其成为一个奢华的度假地以及一个经济和金融的中心地。有利于摩纳哥金融地位并作为其象征的无疑是1856年修建的赌场，但是不征收所得税的决定并不适用于占公国内居民人口总数47%的法国公民。迷人的摩纳哥在第二次世界大战之前仅是一个平和的小村镇，今日却成为这个地区最大的雇主之一。

它的小型规模、壮观的地理环境以及沿着山脊的细长位置，意味着摩纳哥开发出非常充裕和复杂的自然特性。多年以来，令人印象深刻的土地回收工作已经从海里挽回了40公顷的土地，并且为这些山林地点及与其平行的3个天然"竞技场"增加了一些平整区域。因此，相关建造的挑战性由于这个区域的地理条件得以重新呈现，摩纳哥每平方千米16400人的人口密度

摩纳哥

左图：1920年的摩纳哥地图，那个时候这里仍有大量的土地需要开发。

下图：回收的芳薇耶区的码头景色，这个区面向摩纳哥西北方向的高地。天井宫（见图）可以被认为是位于中后部。

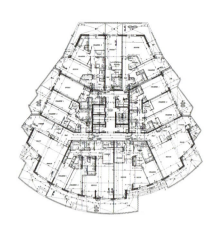
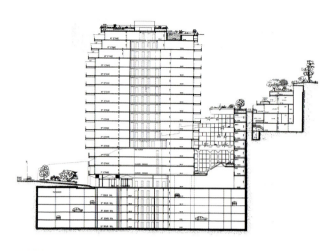

比例1:1250，由Joseph Iori于1993年设计的带有8个住房的天井宫的第10层平面图。

比例1:1250，天井宫沿着山脊的剖面图。

是最令人感慨的。考虑到整个都市实体过于暴露，世界上人口最密集城市的头衔或许没有什么实际意义。全国范围内的人口与邻近的法国城市尼斯和芒通的比例分别是3倍和8倍，与非常平整的法国首都巴黎的程度（每平方千米20800人）是相似的。

都市形态

在开发主要用于容纳非摩纳哥人口的高层建筑的好处时是谨慎的，但从20世纪50年代开始这种方式就开始逐步增加。之前，这个城市的建筑造型大部分由第一次世界大战之前的"好时光"所决定，其高度通常不会超过3层楼。从20世纪40年代开始，有影响力的法国建筑师和城市规划专家Eugène Beaudoiun使之前提及的自然形成的竞技场作为城市开发及其高楼建筑的一种概念基础和指导方针变得常态化。

在白天，公众可以使用天井宫的电梯进入这个城市的至高点。这个开发项目的出口位于上部楼层，是与街道相连的。

Beaudoiun是法国高层建筑的先锋，他与Marcel Lods一起为在杜兰斯的Cité de la Muette（1931—1934）进行了规划。除了其他里程碑式的建筑，他在50年代末期还被任命为巴黎缅因-蒙帕纳斯区域的总体规划师，该项目因其至今仍为巴黎最高的建筑而出名。竞技场概念通过将塔楼放置在其边界上，巧妙地处理了高层建筑对这个小型国家的环绕和框架的影响。但是这个观点低估了房地产市场的动态和压力，多年之后对其实施了大量的拆除。这个方案对于摩纳哥的希望来说过于简单化了，它领域内极其丰富的都市多元化使其从80年代后期就已经成为一个密集的都市化区域，包括其相邻法国地区内的土地回收和若干公众所有的便利设施。

山地斜坡的效果是极大地强调了高层建筑在摩纳哥的视觉表现力。从港口看去，多重表面融合在一起，塔楼和低层建筑之间的分别不是很明显。但是斜坡不光直接通过其自身的垂直性，而且还间接地通过街道的弯曲形式及其建筑位置的"随意"放置，对这种知觉产生影响。这种城市设定与香港岛的中等程度保持一致，可以被视为像曼哈顿那样完全正交设置或者像迪拜谢赫扎伊德大道（见第104页）那样的线型的对应物。在莫岩岛或者高级海滨路的另外一个方向，后者是里维埃拉最著名的一条山路，景色就是被遮挡的，更易显示出城市中相对较少的摩天大楼的轮廓。

摩纳哥的另外一种特性是它拥有一个由公共电梯、外部楼梯和自动扶梯组成的广阔网络。建筑物的密度、城市的富裕程度和高等级的安全性，加速了结合公共和个人积极性来最小化城市高度上升而导致的行人努力的过程。从空间上来说，这种弯曲通道、走廊和天桥集合的结果是产生了一种在地平面和平行都市世界的出现之间有趣的相对性，这通

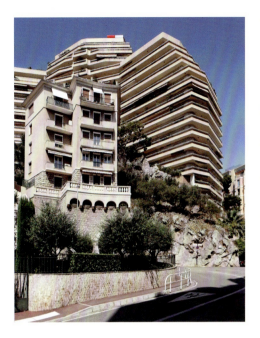

左图：折衷的建筑混合形式也是摩纳哥复杂地理条件的后果之一。

下图：由Alexandre Giraldi在阿农恰德区拍摄的奥迪安大楼的蒙太奇照片。这栋建筑目前仍在建造中，这个开发项目与其周边建于1972年的圆形佩里格城堡一样，属于基座上的塔楼。

过大面积存在的多重和多通道地下停车场得以加强。象征并拥抱着摩纳哥"疯狂的城市"的概念，这种现象属于对建筑风格公然拼接的一部分，开始于自然表现和超凡魅力的周边环境。摩纳哥也是本书中唯一一个塔楼垂直性看起来是直接与地下开发项目及其多重连通性的垂直性相连的例子，如果这不是镜像反映的话。但是平行行人网络、地下或者

地上街面的绝对存在并不是独特的：在某些方面会让人回忆起处于类似都市环境中的香港及其行人电梯，而且还以一种比喻性的方式唤起人们对得克萨斯州休斯敦及其地下隧道系统（见第146页）的联想。

建筑学

尽管城市建筑密度高，再加上环山公路的随意结构（至少在上部是如此），摩纳哥的高层建筑仍然表达出一种相对非城市性的特性。这就必须涉及大海和周边群山的普遍性，但同时还须考虑到海崖的景色会抑制周边连续开发项目的出现，在这些项目中建筑从视觉上和功能上是与都市街区融为一体。每个塔楼的设计都是执行针对其特定自然环境的特定方案，但陡峭山坡的重复主题仍然意味着一些可以被视为类型的东西的出现，至少在那个地区是如此的。由于明亮的光线和风景与岩石墙壁前后部之间的互动，这个建筑体不能被简单地当作单一结构覆盖整个地区面积。一个解决方案是在实际塔楼的地下修建补偿水平的基座，可以参见20世纪60年代的佩里格城堡和未来的剧场塔楼。这种低层和单一导向的元素对于住宅使用很难有吸引力，其通常包含着停车场、餐厅和商店，顶层在垂直几何和水平几何之间还有大厅作为统一元素。另外一个解决方案是将地点挖掘到较低的水平线，并将大楼放置在街道前部边缘。天井宫的位置突出了形式上更加谨慎的策略，在其后部带有一个类似庭院的空间。从顶上看过去，这座16层楼高的盘踞在山边的建筑仿佛仅高于街道水平线4层楼。

想必大家已经注意到，摩纳哥的建筑风格的总体多样性是非常丰富的，带有许多现在仍为主要流行的好时代元素。相比于一个同样规模的内陆城市，摩纳哥增加了作为城市重要组分的度假酒店建筑的概念，通常是或多或少地复制幸运的色彩方案和一些早期和更加本国的建筑细节。

总 结

本书选取的许多实例中高层建筑看起来都不是必需的，而是作为一种主要意图在于展示开发商、跨国公司或者城市过大的雄心壮志的品牌工具：高层建筑就是目

左图：摩纳哥中心的公共阶梯和自动扶梯。

左下图：随着时间的推移，建筑密度、城市财富和与众不同的自然环境的结合已经产生出一种非常罕见的城市景观。

下一页：从相邻的法国罗克布吕纳-卡普-马丁自治区看到的摩纳哥及其塔楼建筑的景色。作为这座城市起源的Rocher可以在背景中看见。

的，它是这个城市为从经济上使其可行而考虑成本效率建筑方案的规划中的关键因素。摩纳哥具有讽刺意味的是虽然建筑具有雄心壮志和宏伟的名声，其实反向适用。"自然魅力"已经被其地理环境给损坏了，并且它作为避税天堂的地位而显得过于或者错误地品牌化了，因为这个城市并不需要将高层建筑作为其城市志向的表达。从某种程度来说，甚至可以宣称高层建筑及其作为普通城市组分的象征性，与位于著名的蔚蓝海岸上度假胜地的风景如画的陈词滥调是完全相反的。作为香港、贝尼多姆和圣特鲁佩斯一种独特而又迷人的混合形式，摩纳哥相当成功地将高层建筑作为一种结束的方式进行运用：密度的增加造成了水平膨胀的不可能性。这种限制的另外一种有趣的结果是出现了具有独创性的混合结构建筑，在某些例子中还包括轻工业的运用。作为城市功能分离的现代主义观点的对应物是中层建筑，而不是高层建筑。

因其与众不同的地理位置和财富程度的相对化，摩纳哥看起来是一个类似开发思路的实验场地和模型，而这种思路是受到全球各地许多国家追随的，目前在未开发地区的土地中这种模式仍在增加。

摩纳哥

比例1:2500,城市平面图。

比例1:2500,城市剖面图。

陆家嘴

垂直城市：纪念碑之城
地点：中国上海浦东新区
时间：1990年开始

或许这是中国跃升为超级大国的最招摇的都市展示，陆家嘴的商业圈中包含了若干相对小规模的亚洲最令人印象深刻的高层建筑。

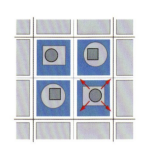

类型分类：垂直城市——纪念碑之城
估计建筑覆盖率（同见城市规划）：28%
估计容积率（同见城市规划）：13.97

历史/发展过程

这项宏伟远大项目的背景是与1990年作为国家特别经济区的浦东新区的创立联系在一起的。陆家嘴中心经济区是其中最主要也是最壮观的部分，这是中国大陆新的金融中心，目前已经有超过80家金融机构入驻其中。回顾上海作为开放口岸和东方大熔炉的光辉历史，其中超过一半机构都是来源于外国的，虽然在1842年第一次鸦片战争失利后，相比于外国侵略者和殖民地环境，该地在政策上处于完全不同的环境。中国过去和现在的物理化身直接是相互对立的：黄浦江西岸外滩区宏伟的外观，以及东岸浦东半岛的新建塔楼。最初的都市方案是在1991年由海城市规划设计院提出的，但上海市长在意识到这个方案的象征意义后，在对巴黎附近的拉德芳斯进行考察的同一年就创立了一个国际创意咨询机构，这个结构得到了法国地方研究结构的协助（IAURIF）。来自英国（Richard Rogers）、法国（Dominique Perrault）、意大利（Massimiliano Fuksas）、日本（Toyo Ito）和中国自己

未来三巨头建筑的集锦照片，目前由Gensler设计的上海塔（右）正在建造中。这3座超高建筑是陆家嘴总体规划的中心组分。由KPF设计的世界金融中心（左）和由SOM设计的经贸大楼（中）已经完成修建。

（上海城市规划设计院与同济大学联合组成）的团队被邀请并提交各自的方案，可以通过他们作品的大量出版而成为非常有效的营销工具。Richard Rogers合伙人公司的方案获得了优胜，但后续版本是由一个中国团队完成的，3个后续提案则是基于所有参赛方案元素的综合，导致总体规划的官方任命实际上与最终中国团队的方案非常接近。主要的修改包括了增加一个公园并放弃了若干基座元素。

陆家嘴的国际口号不光只是与这些新修塔楼使用者的经济活动联系在一起的，同时还与他们的建造和所有权联系在一起。2000年，31座建设项目中的至少23座是与外国投资者合资的，有10座是完全外资所有的，共计26座建筑是由外国建筑师设计的。这种委托是值得的，这个城市已经因为优良的税收鼓励政策以及偶尔免除建筑材料的进口税而吸引了许多外国房地产投资。在这种背景下，可以宣称中国自从在20世纪80年代后期进行经济改革之后，在城市预算的融资方面产生了很多决定性的变化。之前，这些预算主要是从定额中划分给

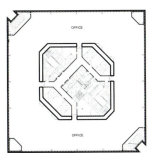
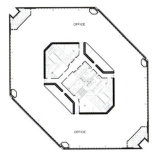

比例1:1250，由Kohn Pedersen Fox设计的世界金融中心的典型平面图。

陆家嘴商业区位于浦东半岛的尖端。

左图：陆家嘴的一个典型街景，沿着街区边界带有停车场和绿色空间。

下图：从世界金融中心大楼的观景平台沿着中央大道向东南方向看去的景色。

国企；现在则是主要通过将之前免费的租赁权出售给私人公司而筹集预算。

都市形态

需要耗费一定时间才能理解为什么拉德芳斯是与陆家嘴最具可比性的项目，至少从本书的选择来说是这样。这必须涉及一个宏伟的都市形态的概念，这既不与场地的地形形式直接联系在一起，也不会与任何特定的基建项目元素联系在一起。如果说美国市中心布局形态的最终形式由开发商对每个地点的决定而构成，那么陆家嘴和拉德芳斯就是经典的白板总体规划以及受到严格控制的设计：法国例子是基于一条中轴线和一个在行人基座之上的中央空间，而中国例子则是将绿色空间和3座超高塔楼定义为城市核心。一条三角形的高层建筑带限制了这个空间，但并没有遮蔽或者忽视与浦东新区地形的关系。按照双排的形式，它尝试着同时与浦东新区的新中心和具有历史渊源的上海西边的外滩区联系在一起。通过这种形式，规划者创造性地解决了Richard Rogers合伙人公司获胜方案中的一个潜在问题，那就是其可能会阻挡这个历史中心区域。浦东的贸易区和中央公园可以与其他方向进行连接主要是通过中心大道实现地，这是一条5千米长的林荫道和高速路的混合物，由法国建筑师Arte Charpentier设计。新近修建的街道网络是非正交型的、大孔网格式的，它的形式受到半岛弯曲形式的强烈影响。有意思的是，这种总体规划中相当务实的街道网络在形式和规模上却与曾经的外国租界领域（位于历史老城区之外）中的没有什么不同，大型都市街区都是按照划分土地最简易的方式进行设计的。因此，在殖民期间和新上海之间的明显差别并不是都市网格的形式或者大规模的开发方法，而是老旧城区被作为周边街区开发的低层住宅——里弄所覆盖，新修建筑则主要是单一的办公塔楼。这种将街区等同于一个地点的单一（租赁权）所有权不是今天才有

从 左上部开始按照顺时针方向：KPF设计的世界金融中心的基座，由森集团（同见六本木山森之厦，第120页）开发。

从河岸滨道看到的浦东新区东南方向的景色。

浦东新区的河岸滨道及塔楼在背景中的左手边。

的，而是在外国租界大量出现的特定法律和社会条件下的历史案例。在他们自己的国家，占领国通常会被迫遵从一种较小规模的开发逻辑，这是基于历史发展场所结构和所有权模式的。

建筑学

由浦东塔楼创造的这种不朽的印象是通过它们在建造场地的中心位置来反映的，其结果是可能会从各个方向称赞其整体性。如上所述，这些地点通常覆盖了整个街区，并且街道两边都有通道。这对于大型塔楼项目来说是通常惯例，这也有助于缓解城市粮食的简单性以及空间复杂性一定程度上的不足。依赖于这个地点和开发项目的维度，塔楼与街区周边的关系是变化的，但总的来说是从街道向后移，并将低层建筑周边像绿化带和停车场一类的附加物积聚起来。这种与周边建筑不同寻常的关系，加上这些数量巨大的高层建筑，在本书的背景下会回想起东京的西新宿总体规划（见东京都政府大楼，第64页）。但主要区别在于新宿区被认为是一种抽象和严格正交的网格布局的基础，并不是不同分区都带有其各自明确的正式名称的这种被设计出来的都市形式。

这种别致的混合形式对于全球正在进行的许多项目来说都是典型的，如果不是受到巴黎美术学院启发的宏伟的都市形式，从街道向后移还有对地点规模的规定都是作为对当代企业需要的回应，因而对街区传统的细分逻辑被为数众多的单一地点所取代。结果就形成了一个超大规模的花园城市，整体视觉效果对城市天际线中建筑物的影响是其是一种具有伟大象征意义的元素，至少与街道空间质量是同等重要的。因此，在全球抱负和城市雄心之间的一定程度的紧张感变得非常明显。但是这种实用性结构带来了一系列好处，消除了一些在本书"垂直城市"实例中很难对比的问题：基座的法律和形式问题被避免了，没有共用墙壁，不存在光线和空气的问题，与土壤的关系简单明了，都市形态允许拥有一定程度的灵活性和坚固性。

总　结

尽管缺乏强烈的概念，更不用说前卫的概念，但陆家嘴仍然具有一些令人着迷的简单性。由于未与之前讨论的都市和建筑细节联系在一起，一个明显的优势是面对外滩区的地理环境，并且相当程度上地改变了城市地区的部分地理和景象，而这些地区从历史渊源上来说是只限于黄浦江西岸的。虽然许多亚洲城市在过去20年中经历了一个类似的发展和城市开发模式，但很少有城市能够有机会使用其自然特征

上一页：面对黄浦江的世界金融中心大楼的景色。

下图：由Kohn Pedersen Fox设计的未来资产大楼以及由Nikken Sekkei设计的震旦国际大楼旁的河岸滨道的景色。

来重新改造城市天际线并创造出一种全新的都市空间动态。

考虑到与其实际外形和构造的关系，若干都市原理的联合技术被证明是相当成功的，但是必须承认这种对于独立式高层建筑物体的刻意纪念不能一直保有对周边环境和行人领域的偶尔存在的吓人影响。这种联合带来了一种确定的无定型特征，这依赖于塔楼建筑在这些地点和面对街道的未定义位置以及这些街道夸张的宽度。从活动的形式来看，这种概念是相当"保守的"，从某种程度上来说这种混合使用是相当有限的。这主要存在于酒店、一些豪华住宅和购物中心中，但从本质上来讲都是在世界各地若干中心商业区中都能找到的一个被复制的模型。这种明确的企业特征与1992年咨询会部分参与者的提案（特别是Dominique Perrault和Toyo Ito）是完全相对的，这些参与者试图推行替换方案，即企业高层建筑应与建筑规模小得多的建筑平行以表明不同使用功能和开发结构。结果这个问题也因为浦东新区自身为半岛的地理优势、大量的绿色空间和宽阔的沿江大道而得以调节。因而整个半岛的西端被认为并被大量当作一个户外休闲空间使用，东方明珠有趣的建筑结构是其最出名的象征。

陆家嘴

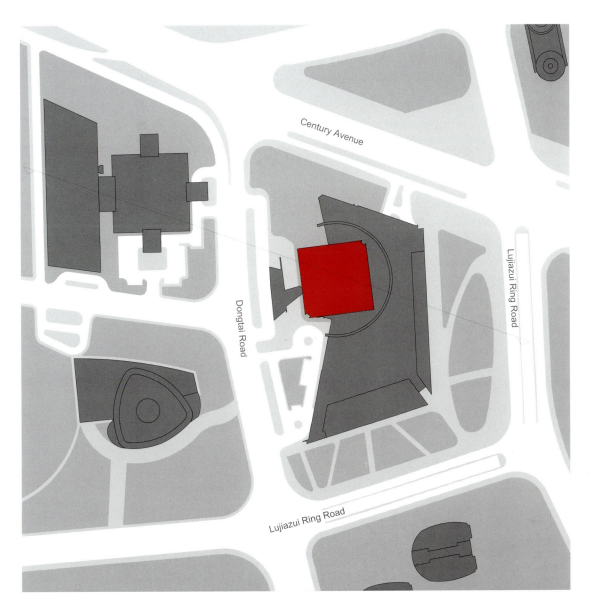

比例1:2500，城市平面图。

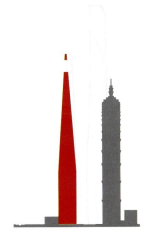

比例1:10000，城市剖面图。

拉德芳斯

垂直城市：欧洲 CBD
地点：法国巴黎市郊的库尔布瓦 / 皮托 / 楠泰尔
时间：1958 年开始
总体规划师：Robert Camelot、Jean de Mailly、Bernard Zehrfuss
客户：EPADESA（前身为 EPAD）

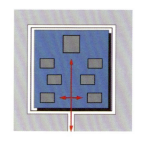

类型分类：垂直城市——欧洲CBD
估计建筑覆盖率（同见城市规划）：24%
估计容积率（同见城市规划）：2.39

第一眼过去，考虑到其环形路的轴对称性和对称性，作为欧洲最大商业区的拉德芳斯看起来就像一个起源于绘图版的城市。实际上，它的历史相当复杂，在过去50年中它一直处于逐步发展阶段，现在仍是如此。

历史/发展过程

理解这个地点重要性的关键在于它在一条重要轴线上的位置，其是作为历史权力中心的罗浮宫以及圣日耳曼昂莱城堡和森林与巴黎西郊的"皇家"通道。这条轴线的中心部分主要是包括安德烈·勒·诺特尔设计的16世纪杜伊勒里公园和稍后的香榭丽舍大道，但城市核心区外的位于楠泰尔的区域也在逐步发展，从18世纪晚期开始，埃图瓦勒（凯旋门所在地）修建了规模巨大的环形线路。到19世纪末期，附近区域因其航空和汽车工业而知名，环行线的直接相邻区域在有关住房和工业使用的方面已经产生了一个相当大的密集问题。

"拉德芳斯"的名字参考了1870年与普鲁士战争中的巴黎保卫战，1878年一个同名的纪念碑取代了在环岛中间的拿破仑·波拿巴雕像。轴线中这个区域的位置从河岸处逐渐抬高，使其成为一个风景区并决定了其未来的开发方向。另外一个优势是与中心位置的相对接近，这与纳伊、凡尔赛和圣日耳曼昂莱等西部贵族郊区一样。

政府当局了解到这个地点具有更宏伟的开发潜能已经有很长一段时间，但对其自然特性却不清楚，这部分是由于经历了两次世界大战之后的财政不稳定性。针对这条轴线的部分或整个区域已经有了许多自发设计和竞标设计，但随后进行的实际

修建则是在第二次世界大战结束后的1958年才首次出现，以CNIT（新产业及技术中心）大楼的修建为代表，它是一个展示空间以及一个技术上的精心杰作，具有那个时代最大的混凝土跨度。这个项目是由私人发起的，并是与政府当局一同修建的，最初导致产生了一个由CNIT大楼的同一建筑师们（Zehrfuss、Camelot和Mailly等）设计的雄心勃勃的都市规划方案。即使这个项目已经包括了一些只能在很久以后才能实现的元素，但将其视为未来开发项目的蓝图还是稍显夸张：例如它没有包含连续基座的特点，除了与CNIT大楼相对的一座超高层建筑以外的建筑都不是基于一种塔楼类型。但是它已经确定了起始点，在1958年成立了一家公共开发公司，最初获得了这个区域超过30年的开发权。这个公司更像国有制而不是社区所有或者混合制[与塞纳河前区（第136页）和马塞纳（第80页）相比]，这并非独一无二而是非常不同寻常，它成立的主要原因是为了处理土地征用和政治问责问题。大约2万人需要被迁移，如果没有公共干预的法律工具这是不可能完成的，但没有一个当地选举人会为这项工作承担政治责任。具有国家和上级地位的EPAD（拉德芳斯区域开发公司）才能解决这个问题。拉德芳斯持续更新的绝对重要性的另外一点在于它的经济和组织逻辑：虽然它具有公共地位，它的唯一收入由对其开发权利的出售以及它后续再开发的自动生产而组成。这包括了逐渐提高的最大建筑高度，最近已经造成了许多再开发项目的出现，之前的高层建筑在这些项目中被推倒以方便修建更高以及在技术和生态方面更先进的大楼。Arquitectonica设计的Tour AIR2项目（见第184页）就是其中的一个例子，它展示了这些区域逐渐增加的吸引力。总开发权利的逐渐增加也解释了专业化的商业区的增加。最初，这种混合使用是相当平衡的，但经济需要和市场需要最终导致修建更多的办公大楼而不是住宅大楼。

从纳伊看到的拉德芳斯的景色，由Johan Otto von Spreckelsen设计的新凯旋门是主要焦点，并决定了建筑特性。

比例1:1250，Pei Cobb Freed合伙人公司设计的EDF塔楼的典型楼层平面图。

都市形态

1964年批准修建了一个之前处于未知维度的基座，主要是基于两个原因。其中一个是功能性和交通流量垂直性分层的实用性结果，这是受到以CIAM和雅典宪章等为代表的现代主义观点的启发。从潜力上更具体地说，在拉德芳斯的例子中，它的基座是涉及具有纪念性质的东-西向轴线相关的东西。有意思的是，基座与环形道路一起使得轴线可以作为行人中心元素得以保留。因此这被阐明为运用于拉德芳斯极端轴线的都市形态实际上与其最开始时非常相似，作为绿色和行人中心的杜伊勒里花园最终是由于作为平行行人空间的瑞

左图：从拉德芳斯新凯旋门的台阶处所见到的中心行人空间。1958年由Bernard Zehrfuss、Robert Camelot和Jean de Mailly设计并修建的CNIT大楼在左手边，它是这个地区开发的起始点。

弗里大道和码头而使其面积加倍。这种特性加上基座中央空间的对称构成很好地解释了为什么拉德芳斯是被视为法国艺术传统与现代主义的结合，而不是对都市历史的一种激进破坏。塞纳河前区（见第136页）也产生了这种情形，虽然它的规模更小，并且是按照一种更不妥协的方案在建设。

同样有趣但偶尔会存在社会和政治问题的是对这个街区与其周边以及通常被阐述为外星植入的感知之间关系的分析。从历史渊源上来说，拉德芳斯是被视为巴黎人聚集区整体规划策略的起始点，因而很难被当作结合了纯粹的经济考虑和更大楼层平面需要的一种欠考虑的结果，而被不予理会。但是在随后的规划过程以及对一种都市典范特定形式（主要包括基座和环形大道）的运用中，新街区的物理建筑结果暴露出很多薄弱环节，主要是其辐射式连接形式。德克夏银行大楼（见第79页）和Tour AIR2项目强调了这些问题，在寻找解放方案的道路中做出了很多努力，目前得到认可的方法包括正在进行的在环形大道"归化"和规模减小化方面开展的繁重工作。

拉德芳斯历史发展角度具有决定性的重要性，以及对其进一步开发的主要生态争论，对于公共运输的地区性网络来说是极好的连接。1号地铁线的扩展在1956年就已经开始讨论，最近又得到了火车、巴士、有轨电车和最具效率的地区火车RER网络的支持。其结果就是基座的停车场经常是未充分利用的，自与RER附线连通之后更是如此。

建筑学

拉德芳斯的高层建筑主要通过两种方式与其周边联系起来。那些放置于基座之上的建筑通常是以尖顶塔楼这种最简单的形式与地面相连，对于基座没有任何附加或者扩展。Tour Areva和Tour EDF都是这种形式的极好例子，这是通过它们简单并且大部分都是抽象美学的具有纪念碑特性的基座中央部分表达出来的。而放置在基座边缘的塔楼与周边的关系就稍显复杂，它们经常不得不复制3个及以上的水平面：

下一页从上部开始：基座都市化生活与交通干道致密网络的联合，使得在基座周边范围内产生了一种不同寻常的空间环境。

一座于1969年由Robert Camelot和Jean-Claude Finelli设计的公寓。在那时到现在之间，由于办公楼项目开发的加强导致住房使用率逐渐下降。

1981年由Henri La Fonta设计的Les Miroir大楼是拉德芳斯典型的扩展实例，它是最初基座的扩展部分，可以通过一个行人天桥与之连通。

基座、环形大道、停车水平面和高档周边建筑（见德克夏银行大楼，第79页）。即使是修建在拉德芳斯实际领域之外的开发项目大部分也是通过环形大道之上的行人天桥与基座以及大量便利设施连通的，这表明了其功能集中的特点。

从纯粹建筑和风格的观点来看,这些塔楼是极为多变的,不能被归为一种单一的类别,这是由于拉德芳斯长期的开发历史。但是基座之上空间的纪念碑式特性肯定对建筑有所影响,现代的整体简洁性看起来成为共有基础。塔楼的实际规划分层受到了法国针对IGH（具有相当高度的建筑）的严苛的防火安全法令的影响,它不是以性能为基础的,这与本书中的大部分实例不同,这意味着一些特定法令必须遵守而不仅是总体性能的展示。

近年来,已经做了大量努力来调整这些法令使其满足更具持续性建筑的需要。法国的HQE（高等级环境质量）标签侧重于关注建筑材料的环保性而不是减少能源消耗,拉德芳斯所有新建塔楼必须具有LEED™许可,这在所有占据领先地位的商业区中是独一无二的要求。

总　结

本文聚焦于高层建筑的类型学解决方案，承认高度本身不是一种类型这一事实。关于都市连续性问题，我们对于在坚持流通网络的基础上又允许逐步发展和类型调整的体系格外感兴趣，曼哈顿可能仍是这种体系中最令人印象深刻并被大量研究的例子。

拉德芳斯突出了一种激进的不同策略：空间分离和类型再造，而不是包含和调整。需要特别指出的是巴黎内城区受到赞扬的周边街区都市景观及其大面积的混合使用不属于这上百万平方米的附加办公室空间的范畴中，即使其位于传统表面之

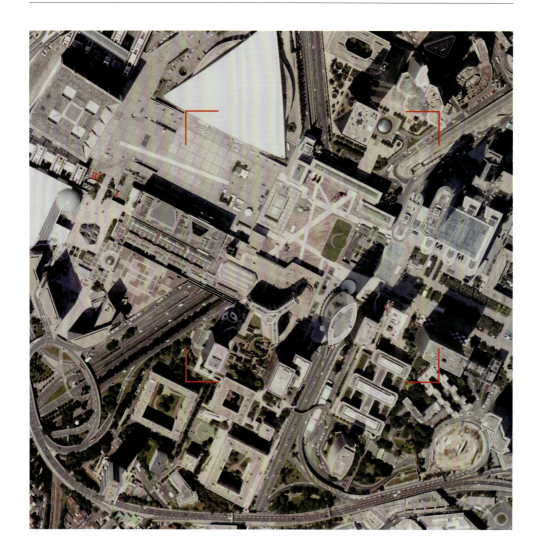

后。许多欧洲城市都是遵照一个类似的模型，伦敦金丝雀码头、马德里和莫斯科城的AZCA都是主要例子。有趣的是，所有这些最近的项目都具有基座特性，这种做法表明这个法国原型不光是所谓的带有轻微扭曲的都市新奇事物的现代主义魅力的结果，而且更重要的是对于明显的重复功能性要求的严格回答。拉德芳斯同时存在的美感和难度都代表了其作为城市实体所具有的无与伦比的易读性，同时也是巨大城市聚集体的一种元素，后者通过"皇家及胜利轴线"来体现。与西部内地的政治合并，从2010年11月起是由更名为EPADESA（拉德芳斯-塞纳河下游公共建设管理局）的机构进行监管，看起来这象征着这种差异不能永远建立在空间分离的基础上。

尽管或者有争议地因其特殊的国家地位，拉德芳斯还是可以被视为对最近和正在进行的关于"大巴黎"计划讨论的早期参考，这项计划试图让仅有230万居民的内城核心自治区域的开发与大约1000万居民的都市聚集区的开发可以更好地同步，将其划分为4个分离政治实体（部门）。在环城大道和环形大道之间的明显平行可以被视为巴黎市和拉德芳斯各自的空间和政治边界，同时也象征着这项工作的复杂性，因为这项工作受到了政治、经济、社会的限制，还须建筑物理考虑与压力。

拉德芳斯 183

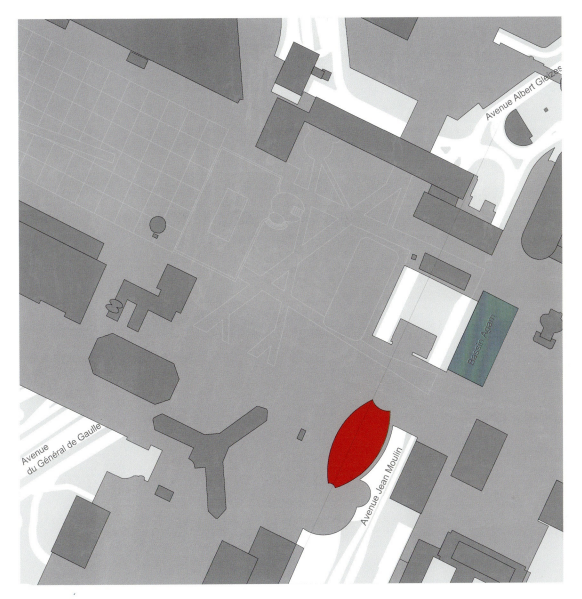

比例1:2500，城市平面图。

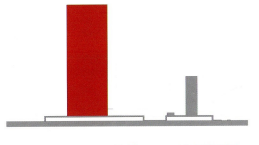

比例1:5000，城市剖面图。

拉德芳斯复兴计划（Tour AIR2 实例）

地点：法国巴黎市郊拉德芳斯
时间：2015 年完工
建筑师：Arquitectonica 建筑事务所

作为拉德芳斯商业区雄心勃勃的复兴计划及其未来垂直发展策略的一部分，Arquitectonica设计的220米高的Tour AIR2将会取代现有的110米高的极光轮大楼。极光轮大楼作为拉德芳斯第一代塔楼修建于1970年，因为它过时的内部配置和有限的室内净高而被拆除，以便修建革新性的新建筑。相比于同一个投资商——凯雷集团开发的蒙特勒伊Tour 9项目（见第143页），这是一个完全不同的开发方法。这种重大干预产生的广泛需要的副产物提供了重新定义塔楼与地面和基座邻近边界之间不和谐关系的机会。为了处理沿着环形大道轮廓明显的边界带来的空间分离问题，新方案中光滑的大厅占据了3个楼层，包括基座的一层上部楼层和大道的一层下部平面以及北面周边建筑。这个项目还涉及了一个外部阶梯的建造，进一步改善了与周边社区的连通性。类似的干预连同正在进行的对邻近Tour D2项目中Veritas大楼的替换工程一起，这个项目为欧洲最大商业区的逐步开放和扩展展示了一种谨慎和有效的方法。从历史角度来说，这种建造结构是单独由它们与中央空间和策略轴线的关系来确定的，并最终回归到当地环境中。

上图：Tour AIR2是拉德芳斯天际线的计划组分。

右图：塔楼3层门廊的形象，提高了拉德芳斯中心平台与其周围得连接性。

最右图：俯瞰历史轴线的景象，Arquitectonica建筑事务所计划的Tour AIR2在左边。

这个商业区雄心勃勃的复兴和扩展计划中的另外两个例子：主要由福斯特建筑事务所设计的修道院广场住宅塔楼和由Manuelle Gautrand设计的Tour AVA大楼。

香港滨海区

垂直城市：超级建筑之城
地点：中国香港
时间：1997年开始

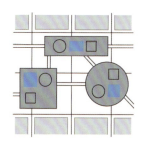

类型分类：垂直城市——超级建筑之城
估计建筑覆盖率（同见城市规划）：52%
估计容积率（同见城市规划）：7.28

作为全球很罕见的真正高层建筑城市中的一个，香港将塔楼类型与整体超高密度结合在一起。在过去的30年中，修建在基座上的塔楼型超大建筑作为当地的开发方式正在逐步进化，最初这种方式是因为修建住宅的目的而采用的，但最近也为滨海区和香港岛主要商业区所采用。

历史/发展过程

自从1841年被英国作为主要殖民贸易点强制建立起来之后，香港惊人的和极为灵活的发展就已经吸引了一定程度的大量移民的进入，所以如何在密集和健康的居住条件下容纳这些人口就始终是个问题。人口涌入的压力、本地的效率特性以及由于仅有少量的大型本地开发公司存在而造成的低竞争程度，导致了通常被称为"定量方法"的非常特殊的建筑文化。但是这并不是质疑这种相当壮观的和常常令人激动的建筑结果，许多人都将这种都市风光理解为电影《银翼杀手》或者《攻壳机动队》中的场景。这个城市独特的发展历史的重要性的另一种气质是引入了英国的免费及租赁体系，在这种体系中所有土地的所有权最终都归城市政府所有。这种体系对香港来说并不独特，因为它的历史和特殊性对于这个城市的发展具有决定性的影响，尤其房地产又是政府的主要财政收入

香港滨海区

来源。这种情形在土地调控和政策之间产生了明显的利益冲突，这并没有随着1997年香港回归中国而得到显著改善。中国也有类似的体系，其中国家保有对所有土地的长期所有权，但区别在于从历史渊源来说，租赁销售在城市财政方面并不具有同样的重要性。

都市形态

在地图或者航空照片上一瞥便可知在香港的高层建筑建造中至少存在种不同的开发类型。

第一种也是最老的一种的类型仍是基于最初的土地细分策略，这种策略中的几何地点被设计成沿着香港岛传统滨海区来建造具有共有墙壁的低层结构住房建筑。皇后大道是最久远的例子，但相同的体系已经在北部土地填筑工程中的若干阶段得到了复制，这里主要是指规模逐渐减小的维多利亚港。这些地点一直在进行重建工作，建筑高度逐渐增加，这一过程可与曼哈顿相比，虽然其几何尺寸更窄并且重复性更少。

第二种类型可以在南部找到，它是与城市特殊的地势和高倾斜度直接联系起来的。这种类型可以通过独立式塔楼得到例证，但这些建筑通常都是通过塔楼基座与其周边建筑连通的。这些主要为住宅性质的建筑随着蜿蜒的街道一直蔓延到太平山顶，其类型与相似极端环境中的开发项目不同（例如摩纳哥，见第162页），这里极高的土地价格让这些耗费很大的建筑变得很值得。

修建在基座之上的超级塔楼建筑是第三种也是最近产生的一种类型，它是与过去15年来倡导的土地再利用策略（见下）紧密联系在一起的，但其根源可以在更早

从左上部开始按照顺时针方向：从干诺道向西俯视的场景，国际金融中心在右手边，信德中心大楼的双子塔在背景中。

连接干诺道和国际金融中心（IFC）的人行天桥。

位于国际金融中心东侧的香港岛新码头的填筑工程。

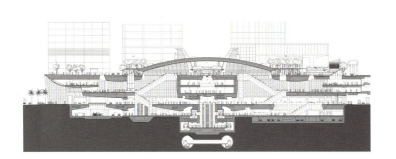

九龙车站项目横剖面图,由Terry Farrell合伙人公司进行总体规划。

下图:九龙车站项目建造在一块再利用土地上,它的修建是为了一条连接香港站和新修的大屿山国际机场的新地铁线路。

九龙荔枝角站南边一栋著名的超级住宅大楼的高架和私人内部庭院。这栋建筑的基座设有一个大型购物中心。

的大型公共或者私人住房开发项目中找到，例如新界的荃湾新城或者九龙半岛东南尖端的黄埔花园。与若干现代主义欧洲实例（例如巴黎的塞纳河前区，见第136页）或者拉德芳斯（见第178页）相比，这里的功能和运动的垂直叠加作为一种都市方案而被采用，看起来比其他任何地方都显得更加合适，因其在一个过度密集的环境中将复杂的需要都包含进来。政府通过允许新建筑下部的15~20米达到100%的场地覆盖率来支持这种基座塔楼类型的开发，并允许修建大量的零售和停车场地。新的高架行人连接系统也得到政府的鼓励，这是希望通过行人天桥之下不间断的车流来减轻交通问题。

建筑学

基座塔楼这种类型最令人感兴趣的演变是它成为超大建筑的确立，其建筑范围逐渐融入都市形态，最终失去了与任何值得注意的地籍逻辑之间的联系。两个特定观点对这种趋势有重要影响。从财务观点来看，这种基座塔楼类型成为针对火车和地铁网络新车站之上开发项目的推广类型学解决方案。在这类案例中，城市政府将车站上方的开发权给予之前是公有现在为私有的铁路公司MTR，目的在于减小政府自身在交通网络方面建造和维护的财政投入。随后，MTR将转租权出售给一个或者多个当地房地产企业团体。接下来，更加空间和近似的影响可以证明是来源于香港于1861年开始的持续土地再利用历史，这距离被英国吞并仅仅20年。人为创造的高昂土地价值、规模逐渐扩大的规划的运用、过去20年中土地细分的态度，一直伴随着从曾经过于致密状态中的分离过程，但周边街区和小规模地点的都市问题仍一直存在。

完工于1991年的九龙黄埔花园，这是最早的大型基座塔楼开发项目中的一个。它包含了超过1万个住宅单元。

国际金融中心（IFC）和九龙车站方案就是这些财政和空间限制相互影响的典型实例，它们建立了一种全新的都市典范，其与紧邻建筑的连接是通过覆盖范围广阔的行人天桥网络，而不是传统的人行道和高级公共空间网络来实现地。这种典范在沿着新滨海区的相互连通的超大建筑上显得格外明显，其中IFC是最具西方元素的大楼，这种场景看起来确实是像无数船舶停靠在一个浅层的填筑土地上，但这种布局在诸如将军澳新城或者荔枝角内地等地方得到了复制。这些建筑的整体高质量、功能的完全混合、香港过度的密集水平和购买力、公共和私人空间的明确分离，都防止了全球其他地方基座开发项目存在问题的产生。但是从长远的角度和极端的角度来看，或许会质疑高架通道和本质上是私有化的空间是否能够取代作为都市网络主要成分的街道和广场，特别是像滨海区这种线性结构由于增加了类似超大建筑排而向三维方向发展的情况。

在这方面，可以很有趣地认识到这种作为我们时代罕见的真正塔楼类型的超级建筑类型，同时在本书中展现了一种最特殊也是最不同寻常的情况，而类型的定义和重复的概念却表明了相反的情况。因而这种"驯养的"和主要作为住宅用途的基座塔楼形态已经吸引了更多的注意力并被广泛运用，规划当局在内城区复兴规划时常常采用。李嘉诚曾经在温哥华世博会旧址上的"仿造希腊"开发项目就是一个最知名也最具影响力的实例，这是由一名香港投资商直接发起的计划。这种高度灵活地放置在低基座上的细长塔楼模型几乎可以应用于所有类型的都市布局，已经在全球许多地方进行了修建，输出了亚洲城市在高层建筑生活方面的经验和认可，但香港的建筑规程仍然是这种特定空间布置的根基。这种建筑类型看起来最终是取代了作为大型建筑复制模板的板式住宅，它的衍生物还包括迪拜（朱美拉海滩住宅，第142页）和迈阿密（Icon Brickell大楼，第119页）的项目。

温哥华的一个基座塔楼实例，资金来自香港投资商。尽管它受到中国的影响，但它带有联体别墅的基座在香港的开发项目中并不典型。

总　结

许多"完美高层建筑之城"的元素都能在香港找到：建筑质量的真实密度，这是与市中心绿色区域的保护直接联系在一起的；高等级的混合用途开发项目；高楼与高效公共运输网络的几乎完美的连接。这颗蓬勃发展的珠江三角洲中的明珠展示了在塔楼类型上的理性使用和高密度的释放之间的完美操作，后者在许多其他城市更多只是在理论上的。

但是除了之前提及的对其大胆结果的长期稳定性的保留之外，香港及其极度的商业程度和住宅密度不能被单独且盲目地视为一个值得遵循的模型。在美国和欧洲，都市扩张和最近几十年来改变人口密度的开发实际上导致了对于更高密度无可争辩地追求，这种提高密度的设想可以通过高层建筑中新类型的创造而得以完成，这正是本书的一个出发点。但是香港的实例表明仍然存在一个（相对）限制，未来进一步的提高只能通过新类型版本的建筑才能实现。作为一个最近的实例，由40层及以上塔楼的线性并列创造出来的新建住宅开发项目的塔楼墙效应被不断宣称对城市空气流通和气候有负面效应，对于一些人来说会回忆起许多工业城市在19世纪末经历的由于新工人不断涌入而产生卫生问题，至少从象征意义上来说是如此。

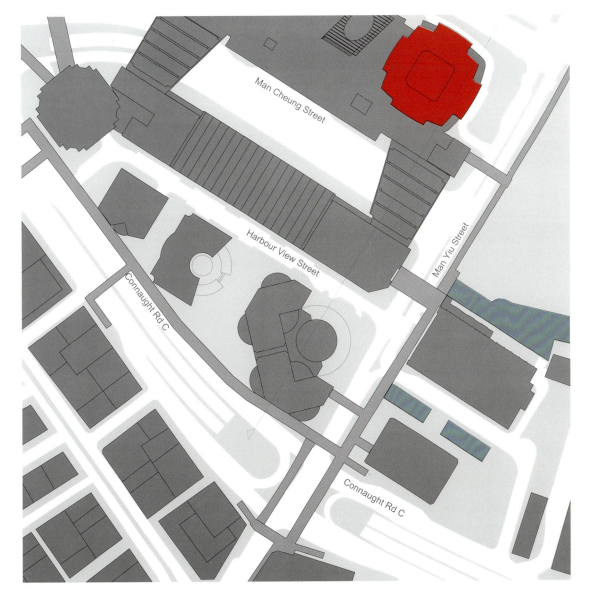

比例1:2500，城市平面图。

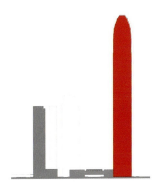

比例1:10000，城市剖面图。

第 2 部分

全球七大城市的高层建筑标准

伦 敦

作为一个政治实体，伦敦在城镇规划文件的实施和重新评估方面非常活跃，这些文件都是被设计用来进行高层建筑的建造规定和优化的。实施过程中通过官僚阶级的积累来保证私人的利益和追求与首要的都市策略保持一致。高层建筑类型被视为运用于城市再开发过程的若干工具中的一种，这种再开发又是处于遗产保护的框架中。

背景/环境

在19世纪末期，伦敦的都市结构是由许多自治区的聚集构成的，这些自治区都是由建立于1889年的伦敦市政议会（LCC）管理的，它最开始仅对规划功能划定了有限的范围。伦敦随后的都市历史就像一个追求中央规划权力增长的长途旅行。LCC最先引入的一个条例是1894年的伦敦建筑条例。这个条例包含了30米的高度限制规定并定义出一个较低的天际线，圣保罗教堂和英国国会大厦在其中非常醒目。在第二次世界大战期间，伦敦遭受了德国纳粹空军的轰炸而损毁严重，在都市结构中留下了巨大裂口。对于重新建设的迫切需要的结果就是在1947年颁布的霍尔登-霍尔福特规划，这个规划考虑了全面重建和对城市激进的再规划方案。负责这项规划的建筑师Charles Holden和William Holford提出了一个容积率体系来限制新修建筑的高度和密度。这个体系同时也确保了周边建筑能获得足够量的空气和光线。这些提案在1956年变得不那么严格了，经常给想要建造更高建筑的开发商授予豁免权。在密度快速增加的压力下，城内自治区给自主提案予以授权，这都是在具体情况具体分析的基础上进行评估的。致力于提出一个更加一致的都市形态，对都市规划负责的LCC起草了8个决策标准，并在1962年确立：视觉整合、场所、地点规模、阴影总量、当地特性、对泰晤士河及开放空间的影响、建筑质量、夜景效果。

在1969年，4年前取代了LCC的大伦敦市政议会（GLC）起草了一份明确了3个地理分区的地区性开发规划，这种分区是考虑高层建筑修建的不同条件而做出的。1号区域禁止高层建筑的修建。2号区域则关注那些对于高楼建筑视觉影响非常敏感的区域，部分地点允许修建高层建筑；这包括了更新了的80个受保护的地点，随后又在20世纪70年代中期减少。3号区域完全允许高层建筑的修建。集锦照片作为一种验证工具得到了保留。因此直到1980年，都是由GLC负责监管所有高度超过45米的建筑。

在1986年，大伦敦市政议会被政府解散了，它的职能在政府当局的控制下被转交到首都的32个自治区。1989年，负责社区与地方政府部门的国务大臣要求提交一份关于景观和远景保护的报告；这份报告于1991年完成，报告中列出的10个策略观点在同一年进行了投票确认。随后出台了《伦敦规划当局战略指导方针》（地区规划指导方针3号，1996年），这份文件应政府要求由伦敦规划咨询委员会（LPAC）执行，其目的在于从高层建筑、天际线和战略的视角来提供补充战略规划建议。这项计划最初是分两个部分执行的，第一部分是LPAC在1998年起草的《伦敦建筑和战略视角》，一年之后这项报告的补充文件《伦敦高层建筑和战略视角的战略规划建议》被政府采用。LPAC同时还负责协助各自治区进行对高层建筑的管理、规划、构思和建造，而自治区议会在修改他们的单一发展规划（UDP）时被要求必须考虑相关的政策和原则。因此伦敦规划咨询委员会明确了所有高层建筑必须遵循的规格,并支持像远景图一样保持圆锥形和观景走廊。此外,1999年在英国城市工作小组发布的独立的有影响力的报告《迈向都市的文艺复兴》中提倡都市应该致密化来抑制都市扩张现象,这个小组是应英国首相托尼·布莱尔的要求由Richard Rogers组织的。

在2000年,伦敦规划咨询委员会变更为大伦敦市政府(GLA),这是一个负责所有大伦敦区的战略机构,其主要职责是为了支持伦敦市长及其办公室在城市发展和战略传递方面的工作。它同时也支持代表伦敦市民监督市长工作的伦敦市议会的工作。在2000年初,为塔楼开发项目提供了理想的环境:尤其是市长Ken Livingstone公开宣称他支持高层建筑——包括集群建筑(例如伦敦市政厅和金丝雀码头)和单一建筑(例如米尔班克大厦),他认为这种性质的建筑有利于提高伦敦环境的质量。伦敦甚至可能会拥有欧洲最高的建筑,夏德伦敦桥项目(310米高,见第78页)就是一个验证新战略措施的方式。得到了GLA的支持,伦敦市长在2002年"伦敦天际线、视图和高层建筑"研究的基础上提出了一个大伦敦区规划方案,这个研究是由战略咨询公司DEGW的研究部门进行的。报告中明确了高层建筑要满足的必要条件。除此之外,遗产问题也发生了新的形式变化,对此由独立委员会:英国古迹署和建筑与建筑环境委员会(CABE)进行了辩护。

伦敦有两个地点对于高层建筑附有特殊的意义,分别是伦敦金融城区和金丝雀码头(恶犬岛)。金融城区位于泰晤士河北面以及圣保罗大教堂的东面,这里已经进行了集中的战后重建工作,目前已确定其成为伦敦金融中心的地位。但是这种地位在20世纪80年代受到了作为金丝雀码头项目(见下)的一部分的伦敦港区重建工作的挑战。作为对经济线路的回应,伦敦规划署在1994年及2002年两次对金融城区制定了特定的规章,通过得到与其相邻的自治区认可的单一发展规划(UDP)为金融城区带来新的活力:金融城区单一发展规划的策略是对于影响到金融城区土地使用规划问题的国际、国家、地区策略和政策

▲ 地标建筑
● 建成项目
● 计划项目

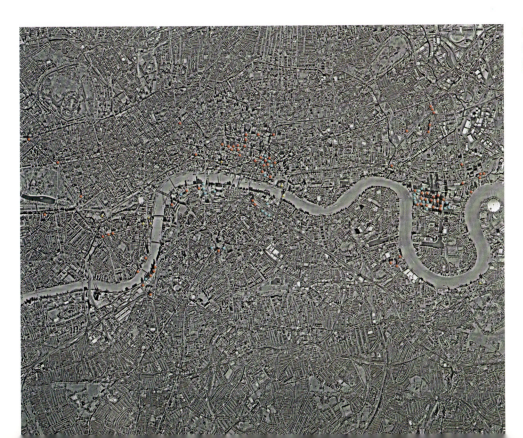

的当地解释。城镇规划概念的追求反映了对市场演变规律的追求，但是符合当地的标准。

在1980年，伦敦码头区开发公司（LDDC）建立了。这个公司得到了政府的资助，是在美国商人Michael von Clemm的倡导下建立的，公司的目的在于恢复旧港口区，并将其码头区转变为一个商业区。加拿大开发商Olympia & York是纽约世界金融中心的发起人，由其负责这项新办公设施的开发。伦敦码头区重建工程涉及大楼的修建和出售，开始于1981年并由LDDC负责协调工作，后者同时还负责城镇规划并且从几年前就已经接管了陶尔哈姆莱茨区的相关工作。LDDC通过灵活的规章（没有高度限制）并允诺一定的财政豁免权，来鼓励各大公司扎根于恶犬岛。项目的批准仅需要获得LDDC的同意即可，这就创造出一种有利于高层建筑的环境（唯一的阻碍因素只有财政限制和所有权变更），这也是这个区域快速且轻易发展成为一个雄心勃勃且蒸蒸日上的次大都市的原因所在。

城市法规、职责及其确立者

在2004年，城市规划专项从国务大臣的手中交给了伦敦市长，后者现在被指定来起草《伦敦规划》，这将取代2004年提出的部长级的《区域规划指导方针（RPG3）》。《伦敦规划》明确了整个大伦敦区的规划和发展策略。这将成为伦敦自治区的当地发展框架（LDFs）必须遵守的参考文本（LDF逐步取代了UDP）。LDF的批准只能通过国务大臣以及由后者指定的一个独立检查员才能取得，还必须经过6个星期的公开讨论，在这个过程中个人团体可以发表各自的意见。

伦敦市政厅项目描绘出了将会被伦敦32个自治区采用的城市规划的核心战略方向的大体轮廓，在其中并没有允许在其各自领域中设定建筑的高度限制。基于日常活动的考虑，各自治区绝大部分的决定都是关注城市规划，但有关摩天大楼的项目则必须交由市政当局，而后者有权拒绝批准。每个自治区都要负责确定出不适宜其自身LDF框架中高层建筑的区域，这是通过分析地点的特征和潜在影响做出的决定。或许会因为重大项目而组织公开讨论，但最终决定取决于国务大臣，他将综合考虑其经济、住房和翻新需要以及项目的建筑质量。

市长和自治区得到了就建筑与建筑环境委员会（CABE）提出的保护观点进行裁决的各个咨询机构的支持，或者像英国古迹署一样致力于保护伦敦的历史城市构造。他们的经典之作或许就可以包括《伦敦规划》。

分区/都市规划

受到美国模型启发而绘制的容积率地图最初是用于测定地点与高层建筑的兼容性的，但这种方法随着GLC的解散于1986年被摒弃了。今天，伦敦建造许可和城市规划授权体系更加复杂了。由于没有分区制度的存在，对建筑许可的请求都是基于简单的个例分析的，并考虑到方案的相对质量和交通服务的存在及容量。市政当局通过对新塔楼建设的批准来鼓励金融城区和金丝雀码头集群建筑的致密化。除了该地区受到《伦敦规划》指示而出现的新集群建筑，各自治区之间区域的高层建筑开发已经在《城市边缘区域规划框架》（2008）中得到认可和记录，其特别关注中央和东部子区域自治区之间的边界。这些方案如何被整合成为一个当地规划框架是交由自治区自行处理的，在某种程度上依赖于公共交通的可行性。在这些边缘区域有许多优势可供高层建筑使用，例如吸引经济活动的潜力、促进混合用途、能成为

推荐的伦敦全景规划。推荐全景方案能保证对伦敦景观的有效保护,这要感谢根据地点与伦敦中心之间的距离带来的范围和宽度的多样性。

当地重建项目的催化剂而保留其历史中心。

进入公共交通的通道在整个伦敦领域都被标示出来,并注明了其公共交通连通水平(PTAL),后者估算了从交通中心(巴士、地铁)到每区的距离和连接时间,并用数字1~6表示。所以可以用统计数据来衡量某一地点的连通能力,这就决定了这个地点的未来城市开发的适度密集程度。

高层建筑与城市社会经济活动之间的联系是至关重要的,根据《伦敦视图管理框架补充规划指导》(SPG)中基于振兴经济活动的潜在能力来评估这些项目,不仅是针对紧邻区域,而且包括整个伦敦区域。

都市天际线/都市风景

伦敦的天际线保持了很长一段时间,以两个尖塔为主:圣保罗大教堂(第一个保护决定要追溯到1934年,这是1989年《圣保罗战略视角》的结果)和国会大厦。目前《伦敦视图管理框架SPG》中明确了26个"指定视角",这都属于《伦敦规划》的整体部分。这些视角被分成4种不同的类别:6个全景视角,3个由都市风景中的物体构成的地标视角,13个结合泰晤士河的视角,4个风景视角(见提出的伦敦全景规划)。除了这些指定视角之外,还包括从不同视觉点延伸到SPG罗列出的地标的11个观景走廊。这些由负责社区与地方政府部门的国务大臣确定的"受保护风景"拓宽了整合地标建筑(见从西斯敏斯特到圣保罗大教堂的受保护风景的3D照片)的背景与周边环境的保护范围。英国古迹署与CABE的专家和国务大臣就地点与某个指定视角之间的互动问题进行了咨询。对于气候和季节变化带来的高度、规模、材料、夜间影响(对航线的干预)以及视觉变化做了仔细研究。塔楼项目和地标建筑之间的和谐程度通过精准视觉呈现度(AVRs)来标定,该系统能标示出塔楼嵌入以及开发商最终呈现效果的准确模拟,并附上相关的解释报告。

简而言之,所有项目都必须遵从SPG和《伦敦规划》标准,并为受保护区域提

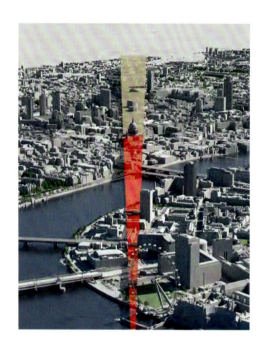

供适宜的、不同的、创新的、高性能的设计方案。安全措施在各层都必须存在，这是为了避免高层建筑聚集后对未被指定视角和全景方案覆盖的剩余空间带来的不利影响。最终，《伦敦规划》和SPG旨在建立一种针对伦敦视角效应管理的更加整体化和广泛化的方法，这是相对RPG3A规则而言的。都市风景研究已经成为一种评估、开发、保护伦敦市及其令人印象深刻的天际线的首选方法。

塔楼设计

所有的摩天大楼项目都必须遵从《伦敦规划》标准，这个标准考虑了由英国古迹署和CABE在2003年（2007年进行修订）主导的《高层建筑指导》报告中的相关调查结果。塔楼因为采用"一流设计"就必须能够提高其所在的直接位置和环境的质量。这是通过它与周边建筑的适应程度、它进入公路网络的通行性、公开和私人空间的连通性、它作为地标建筑在城市中的地位（见玛丽斧街30号底层的照片）等方式来确定塔楼的定义。总体来说，它对那些生活受其影响的人们来说，应该是带来

的好处多于不便之处。为了开发这个地点的全部潜能，大楼应该采用混合功能形式，主要是保留底层用作零售商店、咖啡馆和为其底座（池塘、绿化带或者广场）周边创造公共场所。市长可以要求建筑师和开发商必须保证进入塔楼上部楼层的公共通道，这样所有的伦敦市民都可以欣赏到其全景。

高层建筑修建应该是"动态的"，通过安装节能系统和使用可靠可再生的材料来反映出一种环境意识。如果这座大楼位于泰晤士河附近，那么它应该采用蓝色色调，这是遵从视觉连贯性（1997年颁布的《泰晤士河战略规划指导》，包含在SPG中）的要求。2000年CABE出版了《精心设计：规划体系中的设计》指导手册，该书旨在明确与伦敦传统保持一致的建筑美感条件，这也是为了避免重复过去的错误。上述文件中对于建筑内部环境的指导则相对有限，而是总体上推荐"绿色区域"应该尽可能地包含在其中。《都市发展规划》建议内部空间应该被灵活地设计，以保证建筑能够适应市场变化并保证其耐久性。

建筑条例/消防安全

《伦敦规划》规定所有塔楼项目都要展示出一种对于修建地点微气候学的精准理解，因此需要将风向、光线和阴影及其反射影响纳入考虑范围中。此外，还应考虑空气通路和通信网络，并满足建筑规程中已做出详细要求的安全标准。新项目方案提交时还必须包括对日照时间和阴影生成的研究；这将决定高层建筑的高度和形状。最近，国务大臣于2009年要求准备一份名为《高层建筑：极限负载事件下在被动消防方面的表现——初始概况研究》的报告，这份报告是对2001年9月11日纽约遭受恐怖袭击的回应，其旨在评估和阐述高楼的结构、材料、电梯和疏散楼梯的问题。

从西斯敏斯特到圣保罗大教堂的受保护风景的3D照片。这条风景带从威斯敏斯特码头延伸到圣保罗大教堂，决定了高层建筑的建立必须保护整个遗迹的前面和后面。

玛丽斧街30号的底层。Norman Foster设计的塔楼以底层的公共和绿色空间以及商业零售店体现了伦敦高层建筑的指导方针。

生态学

对环境和生态问题的关注已经超过了不可再生能源消耗问题，成为一种更加全面的方法。不仅是国家层面而且也是国际层面的相关要求和指导方针也加剧了这种态度的转变，伦敦高层建筑的建造也必须遵从这些要求。环境可持续性问题包括了塔楼对其当地环境的相对影响、它的能源消耗、污染物排放的后续考虑等，这些问题构成了2002年一项名为"高层建筑及其可持续性"的独立咨询的基础。这项咨询旨在检验可持续发展和垂直城市规划之间的兼容性，同时也对建筑组成、体系、家具和这些材料造成的潜在能源损失进行了评估。最后做出了一系列的建议，包括在高楼中使用太阳能加热系统和热质量设备，更高程度的自然光线利用率（通过缩减楼层面）以及使用风能等。

在2007年，CABE和英国古迹署对于可持续性城市规划做了一个公开声明，提倡高层建筑只能在特殊情况下修建，并对基于个例分析的批准系统表示反对。另外，他们认为高层建筑应该以绝对的形式满足重环境标准，减少碳排放量和能源消耗。虽然《伦敦规划》中没有确立上述关于城市规划的观点，但它确认了高层建筑对环境的潜在影响，并采取了一套相当严格的措施来适应气候变化、能源再生、自然加热和空调系统、混合用途和公共交通开发等问题。

在2007年，大伦敦市政府在市长的要求下进行了一次《伦敦规划》中能源政策对于运用的影响的回顾调查。这次调查由伦敦南岸大学进行，特别关注太阳能和光伏电池板的好处。伦敦市也明确了划定出必须满足环境影响评价（EIA）标准的区域，其中最著名的是金融城区。塔楼建筑必须符合国家（1号规划政策声明：实现可持续发展）、地区和当地的生态标准。因此，环境和生态问题在高层建筑从构思、建造、修缮到拆毁的生命周期每个阶段中都应有所阐述。

更多详情，请见：

大伦敦市政府
http://www.london.gov.uk/

伦敦城
http://www.cityoflondon.gov.uk/Corporation/

规划门户网站
http://www.planningportal.gov.uk/

法兰克福

在过去的60年中，法兰克福的城市结构被鲜明地打上了有许多侧重于高层建筑的开发规划叠加的印记。高层建筑集群和中层建筑（4~6层楼）的共存是精心布置和仔细研究的城市规划政策的结果。这不光结合了对未来高层建筑开发的控制行为和对过去一些特殊豁免权的补救措施，还与孤立的政治行动联系在一起。

背景/环境

在魏玛共和国时期，20世纪20年代的德国对摩天大楼一类的建筑展现出一种空前的热情，将其视为革新和进步的强力象征。这种对建造高楼的热情通过1921年1月3日由社会事务部长（福利部长）颁布的一项国家性法令而得到加强，这项法令批准将摩天大楼包含在当地城市开发规划中。在这种改变和竞争的风气之中，法兰克福摩天大楼的故事，以Hans Poelzig在20世纪30年代修建的法本化学工业公司大楼，以及由建筑师Max Taut设计、Martin Elsässer修建的职工大厦为开始。

作为知名建筑师和城市规划者的Ernst May在1925—1930年供职于法兰克福建筑管理部门，并带头发起了一项城市规划现代化的运动，但为实现这些目标而保留高层建筑类型。但是May的主张偏离了密集垂直聚集的外部标志，类似于Bruno Taut提出的对于围绕城市中心某一单一聚焦点的低层建筑的表现主义Stadtkrone（城市皇冠）原理。但是这种概念上的关注，在20世纪中期被第二次世界大战余波产生的实用性考虑快速取代了。法兰克福遭受了严重的轰炸，大部分城市被毁坏了。此外还有逐渐增加的人口，这不可避免地造成了严重的住房短缺问题。住房的匮乏给城市规划者在向前和向上的进行修建带来了压力，因而出现了一种8~14层楼高标准的新型建筑飞跃。法兰克福逐步奠定其作为德国金融中心的地位，因此在1948年成为德国联邦银行和重建信用研究所的总部所在地。卫生学家期望对内部带有公共福利设施的建筑的战后重建工作能采用一种具有前瞻性的方法，并能包含与许多20世纪20年代项目中相同的现代主义观点。虽然城市的大部分区域在战争中被损毁了，但仍然刻意拆除了一部分建筑，大型林荫大道穿越了中世纪起源的城市历史区域，这可以作为法兰克福对重新使用其建筑特性的追求。但是考虑到民意代表提出的广泛争论，最终决定保留城市的历史核心区域，这些区域反过来被建筑师Herbert Boehm纳入第一个"摩天大楼规划"（Hochhausplan）中。Boehm于1953年提出的规划将高层建筑按照环形围绕将要成为绿化区的古代防御工事进行放置。因其没有法律义务，这项规划最终被忽略了；以Johannes Krahn在法兰克福市中心设计的蜂窝塔楼为代表的高层塔楼则在20世纪50年代陆续出现，这些塔楼代替了之前提及的单一聚焦点原理。

1962年，位于波肯海姆兰德街的苏黎世—汉斯大楼是由Udo von Schauroth和Werner Stücheli设计的，它标志着新一代高层建筑的开端，所谓新一代是指具有简单体积、使用幕墙或者混凝土美学（例如1966年由Sep Ruf建造的德意志银行大楼）并能体现增加城市西部区域密度的意愿等特性。3年之后，野兽派荷兰建筑师Johannes Hendrik van den Broek和Jaap Bakema计划在沿着城市西北部的Reuterweg地区修建一系列的高层建筑。1967年"手指规划"得到确立并将这些概念进一步延展开来，高层建筑不光仅在

Reuterweg周边修建，而是在朝向城市边缘（美因茨街、特奥多尔·霍伊斯大道展览中心、Kettenhofweg大街、博克迪斯海玛高速公路、Reuterweg、埃舍尔海姆高速公路和埃肯海姆高速公路）住宅区域的城市绿化带辐射开来的8个主要高速公路区都要修建。但是这些高层建筑的高度被限制在95米，与教堂保持一致。这个项目还伴随着交通系统的大面积改进工作，创造出一股房地产投机的浪潮，导致这个地区现存的19世纪住房建筑的没落和部分拆除。城市中的社会反抗活动在20世纪70年代迅速出现，突出了经济发展和环境保护之间存在的一系列冲突。最终结果是暂停了许多地区中的高层建筑的修建，像霍尔茨豪森向北的地区就陷入停顿中。

在1973年，为了回应经济压力并平衡手指规划的相对错误，"城市西部规划"中划定了一个新的高层建筑开发区域，该区域位于拉特瑙广场、威悉河街道、陶努斯厂和剧院区之间。限制高度的提高和对天际线的定义是对城市密集化策略的补充，随后高层建筑不断涌现，其高度也在20~38层。在1982年，Albert Speer提出的"城市总体规划"为城市规划带来了新的动力。他的规划参考了"手指规划"和野兽派建筑作品，想要通过一个纲要规划来改善城市西区的情况，这个纲要规划则是受到一种高层建筑位于分支上的根茎式布局的启发。在20世纪80年代末期，摩天大楼急剧增加的数量及其对都市风景的影响加剧了社会争论。这也是建筑质量的概念第一次被引入批准建筑修建许可的考量中。同时，新建筑的高度以指数方式增加。在1990年，"银行计划"（Novotny Mähner合作建筑事务所）被颁布以便进一步增加中央商业区的密度。这促使一个新的开发规划于1994年进行投票表决：超高建筑现在成为规划和鼓励投机的基础。在这种背景下，Norman Foster商业银行在1997年到达了预期目标。

在1998年，由Jourdan & Müller公司提出的Hochhausentwicklungsplan（高层建筑

▲ 地标建筑
● 建成项目
● 计划项目

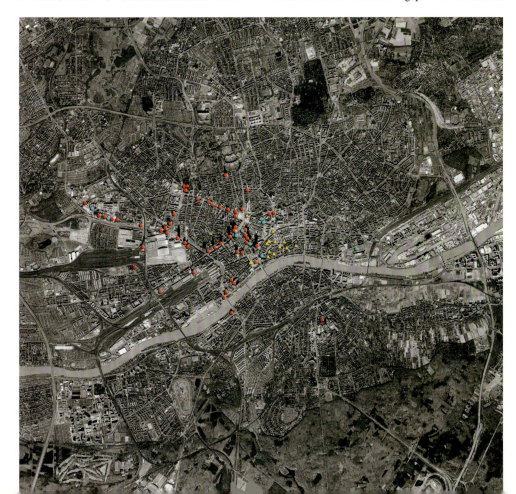

发展规划）公布了。这个规划是与城市规划局一起起草的，确定了两个新的高层建筑建造区域：Messeviertel和公园区。这个规划在一年之后得到了批准，市政议会中的绝大多数最终决定了16个可以允许高层建筑修建的地点。主要分布在3个集中地带：银行区、Messeviertel和公园区。后者也是另外一个名为"法兰克福21"的规划选中的地区，该规划由国家铁路公司（德国联邦铁路股份有限公司）主导，目的在于让其位于市中心西部的土地重现生机并得到开发。这项规划最终在2002年被放弃了，但并没有破坏市政议会提出的总体规划的任何部分。这项又名为"法兰克福2000"的规划依赖于私人和公共利益之间的平衡，并为规划的竞争埋下了伏笔。这项规划今天仍然有效，但在2008年因为两个原因进行了修订：为了弥补公园区的错误而划定新的建造地点，明确塔楼的官方数量，后者包括那些基于政策原因得到在实际高层建筑集中地带之外建造高层建筑批准的塔楼，例如位于古城区中心的Palais Quartier塔楼。

城市法规、职责及其确立者

在1998年和2008年，城市开发服务局（城市规划办公室）任命Jourdan & Muller公司来编写并修订高层建筑开发规划，该规划所有内容随后都得到了市政议会的批准。高层建筑发展规划一个重要的程序原则是其可行性研究，将对罗列出的每一个地点都进行分析并公布相关资料，最终结果是产生了一个由市政府决定的为指导开发商而制定出的特殊开发规划。这也成为开发商和城市规划服务局之间签署合同以及获得修建许可的基础。可行性研究决定了大楼使用的类型和程度、建筑材料、大楼色彩和为了让与紧邻环境兼容性最大化而选用的建造大致包络形式。接下来，各

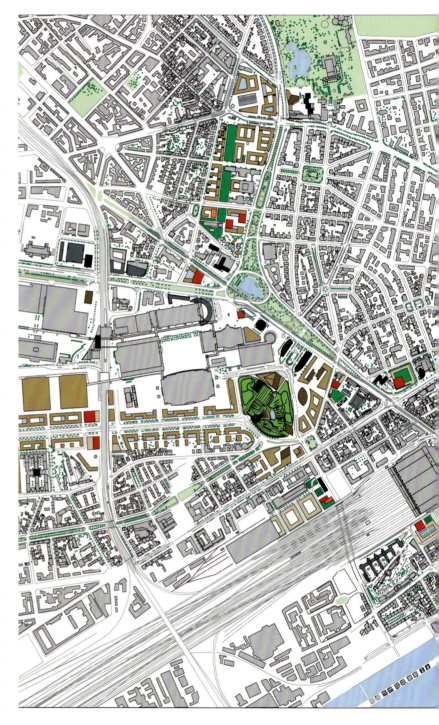

个有意向的开发商的竞标建筑方案将接受一个独立专家组的检验。所以尽管划定的地区是要求修建高层建筑，但高层建筑方案的最终批准会因为每个项目的单独及质量研究而重新决定。这标志着与20世纪70年代采用的综合方法之间的一个重要区别。

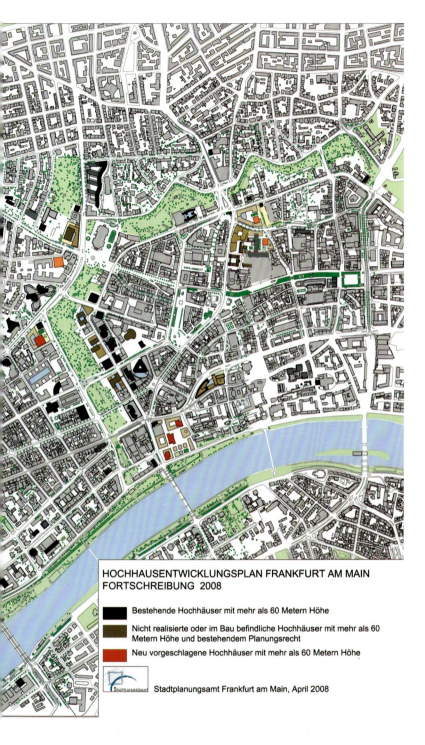

高层建筑发展规划图。这个纲要计划明确了主要道路及其向西延伸部分周边的高层建筑开发。

分区/都市规划

"高层建筑发展规划"创造出的同类高层建筑集群是被设计用来加强法兰克福的辨识度和都市生活(见高层建筑发展规划图)的。位于城市中心的银行区聚集了相关金融活动,而更西边的Messeviertel则展现了一种适合进一步密集化的混合集群化(位于商品交易大厦附近,由Murphy/Jahn设计)。向北和向南的住宅区则得到了保护,随后他提出了在城市西面和东面入口处修建小型塔楼的假设。各区之间的边界是根据其与住宅区的距离来设定的,这还取决于限制汽车交通的（现有的和未来的）公共交通网络。塔楼的具体位置必须考虑日照光线和投射阴影产生的结果，要求对这方面有专门的研究报告。法兰克福首选集群建筑开发项目，因为它能解决老旧建筑和新建筑之间的不兼容问题，并能创造出一种灵活的可以塑造的分界线，这会带来非常强烈的社会经济活动，因而对于城市生活作出积极贡献。通道是非常关键的问题，银行区被认为是历史老城区和行人交通从中扩散开来的中央车站之间至关重要的连接点。

但是这种集群方法在这个规划的最后一次修订版中做了轻微的调整，从现在开始在特定情况下，指定集群建筑区域之外的地点允许修建60米高的建筑，前提是这些建筑能在这个地区创造出一个吸引点。例如，在史蒂夫大街的微型集群项目中就包括了Palais Quartier塔楼的修建决定，这条大街位于历史旧城区的中心位置。其被纳入一个集群项目而不是单独的规划，这是一个体现让单一塔楼修建合法化意愿的良好实例。

都市天际线/都市风景

"法兰克福2000"规划的一个原则是通过禁止单一高层建筑的不协调建造来缓和对都市风景的破坏，以保护历史城区、住宅区和绿化带。"合理"分配的高层建筑的潜在聚集被要求与现有摩天大楼保持一致的线路，这是为了创造一种动态的天际线。类似地，孤立的塔楼必须作为一种视觉中继站，让整个都市风景保持和谐。以现在情况来说，法兰克福对于高层建筑没有高度限制：它是在个例分析的基础上，根据对于日照光线和环境影响的研究来决定高层建筑的修建、顶部形状——例如最高高度为210米的银行区建筑与最高高度仅为60米的历史旧城区进行鲜明的对照。

高层建筑发展规划比例模型示意图。高层建筑开发项目提高了现有建筑集群的密度。

塔楼设计

为了使高层建筑成功地融入都市环境中，开发商被要求将塔楼底层及最下部的5层楼保留供商业、公共或者社区活动使用，并重新调整塔楼内部或整个地点中的办公室空间和住房规模（推荐的比率是70%~30%）。通过规定每座高层建筑的顶部都必须包含对公众开放和使用的空中大厅或者餐厅，来进一步鼓励塔楼与公共领域之间进行互动。像同时期的德国商业银行大楼垂直花园这类项目也是一种备受推崇的创新方法。现在也还在考虑通过灯光来突出高层建筑构造元素在法兰克福天际线中的作用。但是总体来说，除了在个人构思阶段的相关推荐以外，现在没有有关高层建筑形状和美学的通用规范。

建筑条例/消防安全

法兰克福建筑控制部门（法兰克福施工监督局）赋予了高层建筑一种特殊的状态（特殊结构），因此这些建筑必须满足一些明确的要求。这些要求在1983年由黑森州起草的《对塔楼社区建造及其设施的总体指示》[摩天大楼建筑和设施的指引（摩天大楼—法规—HHR）——1983年12月宪法]中有所概括，虽然不具有法律约束力，但其还是法兰克福建筑部分考虑规划应用时必须考虑的通用指南。市政议会进一步明确司法机关报告中对于高层建筑的详细要求，这类报告在议会信息系统PARLIS中可见。

如果建筑的高度超过22米，就会被认为属于高层建筑。这种建筑只能建造在环境影响有限的地点中，这主要考虑到当地的紧邻环境、周边景观或者地面密封的影响。高层建筑项目的开发商必须提交评估报告，然后才能获得黑森州国家环境研究所（环境部黑森州州立办事处）的许可。高层建筑的能源需要则是基于德国节能规范（EnEV）。最后，消防安全要求在法兰克福摩天大楼指引中可见。

生态学

环境问题已经成为法兰克福城市进化的核心问题很多年了，最好的例证就是正在进行的对高层建筑混合用途和交通连接的广泛研究。这个城市正在努力构建其可持续凭证，但它同时还受限于经济压力：赌注很大。在最开始，对于高层建筑开发商庞大的资产组合的要求除了考虑到未来建筑拆除工作是用可回收的材料以外，还包括评估生态环境、采用能源优化系统、日光和风力管理、在最短时间期限内进行建造等。根据操作要求，"一次能量"消耗被设定在低于150千瓦每平方米，其中50%的能量是来自地热或者太阳能光板的能量。最近，将德意志银行大楼（1985）改建成为获得LEED^{TM}认证的"绿色大楼"的工程，标识着在可持续设计（主要是通过将建筑表面更换成为新的开放式窗户和中空玻璃）在生态追求方面一个新的里程碑。另外，将空置的办公室大楼转变成为住宅大楼也为可持续话题从更加策略的层面带来了新的挑战和方式。

更多详情，请见：

法兰克福市政当局
http://www.frankfurt.de

美因河畔法兰克福城市规划办公室
http://www.stadtplanungsamt-frankfurt.de

PARLIS议会信息系统
http://www.stvv.frankfurt.de/parlis

法兰克福施工监督局
http://www.bauaufsicht-frankfurt.de

维也纳

如果要寻找某个城市，其既保有众多的历史遗产，同时又面对重新评估其建造高层建筑的方法并更新其相应规章制度的需要，那么维也纳正是完美的例子。作为这个过程的一部分，基础问题出现在摩天大楼计划实施的必要性和相关条件上。这可以象征着那些对欧洲其他首都城市天际线有影响的争论，其中著名的是伦敦和巴黎。因此，维也纳在一定程度上可以被视为一个关于规范的研究实验室，这些规范限制但又允许一定范围内融合了法规和创新的新方法。按照这种方式，奥地利首都能够有效地阐述清楚存在于高层建筑规划方法中至关重要的差别：要么是基于最开始的少量塔楼互动实验计划结果得出的规范，要么是被视为死板的先决条件。

背景/环境

在1893年，一年前将大部分郊区整合进城市之后，维也纳又提出了一个名为Bauzonenplan（区域扩展规划）的分区规划。这项规划中的一个主要目标是将各街区分成8个种类：第1街区被标记为V级（建筑高度范围是16~26米），东北方向的第2、9、20街区以及第10和22街区被标记为Ⅳ级（建筑高度范围是12~21米），环城公路和郊区之间的区域被标记为Ⅲ级，最后住宅郊区被标记为Ⅰ级和Ⅱ级（建筑高度范围分别是2.5~9米和2.5~12米）。Ⅵ级区域是指建筑高度超过26米的，但并没有划定给某一特定区域的地方。

1905年围绕城市修建的一条绿化带，为维也纳带来了紧凑城市复合体的名声。区域高度划分、根据各自宽度对街道分类、基于准确高度对固定建筑飞檐的计算，都有助于塑造维也纳与众不同的建筑特性。正如同煤气厂一样，这是唯一一个免除高度限制的工业建筑。在1932年，第一座住宅摩天大楼由Siegfried Theiss和Hans Jaksch建造，位于海仁街。这座摩天大楼的象征地位代表了保守派和社会民主党的地位两极分化式的排列，标志着城市未来发展的一个转折点。高度带来了一种政策性和象征性的维度，成为现代主义规划的一种梦幻工具，正如它在柏林或巴黎等其他欧洲城市中那样。但是若全面考虑，直到20世纪50年代，摩天大楼在维也纳也只是一种附带现象。维也纳建设分区规划局已经创造出一种相当理论化的Ⅵ级区域，这个区域没有成为城市开发规划中的活跃区域，因而可以解释少数方案的孤立性质。

"区域扩展规划"勾勒出一座同质城市，其中的单一紧凑中心通过合并周边卫星城镇而同轴地共同发展。在德奥合并时期（奥地利被纳粹德国吞并），这座城市由26个街区构成，但当1955年奥地利重新获得其全部主权时失去了一小部分领土。同一年，在重建范围内，市保险公司（维纳城市保险公司）委任建筑师Erich Boltenstern在环城大道上修建Ringturm塔楼，这再次引发了摩天大楼问题的讨论。尽管违反了旧城区分区规划，但这还是被当作一个特殊建筑项目获得了批准，但必须处理独立的法律规定。随后在20世纪六七十年代，外围城市扩张区域的高度限制被刻意地忽略了。缺乏对于高层建筑连贯清晰的构思和定义，相关规程仍然停滞不前。1973年划定的Mitterhofergasse以北、Alt-Erlaa以南之间的住宅高楼社区，激起了对高度大胆的突破，维也纳城市风景随即被破坏并在随后呈现多样化。这传达了来源于视觉或者建筑规则的都市风景印象。一年之后，划定了第一个历史建筑保护区。这个针对施工规范的修正案是城市迈向全球化和理性化管理的第一步，其于1984年以一个新城市发展规划（城市发展规划）的形式最终出现。新规划的原则得到了发展和常态化。这些原则包括了都市密度、公共交通、中心区开发、多中心都市结构和混合用途。

在1991年，建筑师Coop Himmelb(l)au为1994年的都市发展规划（UDP）准备了一份高层建筑设想。这个设想中考虑了上述提及的都市发展原则，优化了高层建筑项目的法律和经济框架。UDP鼓励在多瑙城区和韦格拉姆大街开发高层建筑项目，也强调了摩天大楼放置的至关重要性。通过扩展批准的高层建筑修建区域和满足离公共交通设施最大距离为400米的规定，这些塔楼的经济环境因此得到改善。这项研究根据8个主题确定了32个标准和分类：土地规划、基础建设、公共空间、程序和控制、设计质量、社会影响（内部系统、消防安全）、生态表现和经济影响。但是在维也纳，高层建筑仍然饱受不充分的定义和模糊的决定过程的困扰：根据相关建筑

▲ 地标建筑
● 建成项目
● 计划项目

规范,"高层建筑"的术语依然应用于任何高度超过26米的建筑,在法律上仍然属于处于不够明确的Ⅵ级建筑。因此即使Coop Himmelb(l)au的结论被认为是高层建筑修建过程中必不可少的一个进化,但其相应的法律定位却不容易确立。

因此在2001年,市政府决定在明确自己对摩天大楼概念的定义之前,进行一次全球层面上的主动性对比分析。Internationale Stadtplanungs-und Hochhauskonzepte(国际规划和高层建筑概念)与巴黎、伦敦、洛杉矶、波特兰、西雅图、旧金山、纽约和芝加哥使用的规划政策进行了对比。确定某个城市进行研究的选择标准是综合了历史老城区遗迹的存在、城市规划服务在涉及高层建筑方面的经验、在有效和高效规范下修建高层建筑的适合位置、对办公室的经济需求以及市政官员对于摩天大楼采用的积极的有建设性的方法。本次研究加重了高层建筑社区正反两面的研究,这是根据其战略格局(不论是像巴黎拉德芳斯那样位于城市郊区,还是像伦敦金丝雀码头那样位于城市内部)、空间安排(单一式或者集群式)、土地使用的控制(纽约的分区法定或巴黎的土地使用计划,见第217页)、容积率系统、遗产保护、定性标准的使用(例如西雅图的《设计评论指导方针》)和交通中心的现状。这项广泛研究中没有出现的对于摩天大楼的明确概念,在2002年出版、2007和2008年两次修改的《维也纳摩天大楼概念规划》报告中得到了陈述。但是这个文件并没有撤销最初在Coop Himmelb(l)au规划中做出的规定;而是对其进行了加强和完善。

城市法规、职责及其确立者

今天,市政当局对高层建筑开发规划(维也纳摩天大楼概念规划)进行研究并将其付诸行动,其部分目的在于限制可能会毁坏战略规划点并损害城市形象的房地产投机。市政当局同时也分发建筑许可,管理土地使用规划(见维也纳规划进展表)。城市规划委员会(城市发展委员会)负责编写开发指令的纲要,据此来决定没有被标记为"保护区域"(禁区)的区域是否允许其进行开发。任何建筑面积超过25000平方米或者高度超过35米的项目都必须进行一个公民批准程序,这个程序在行政程序的最后一个阶段进行,之后才能进行土地使用要求(土地分配过程)的变更。维也纳市还给任何提出高层建筑项目规划的开发商增加了一个延时过程,这超出了土地使用规划的有效期;这种系统是被设计用来防止开发商出于房地产投机的目的而保留关键地点。

分区/都市规划

自从2001年进行了国际对比研究以来,维也纳的城市规划经常在分区的形式上参考由Allan Jacobs设计的旧金山规划(都市设计规划,1972),该规划根据地形学和特权观点对当地高层建筑引起的城市形态、保护、主要的新开发和社区环境等问题做出了回应。受到这个例子的启发,维也纳将其城市领域划分成能与完全排斥在未来建造摩天大楼的相关区域的建

VIENNA PLANNING PROGRESS

	Commissioned by	Participants
Phase 1: Urbanistic master-plan	Urban Planning Department	
Phase 2: Location planning	Urban Planning Department	Project developer
Phase 3: Project study (studies)	Project developer	
Phase 4: Preliminary concept / Competition	Project developer	Urban Planning Department
Phase 5: Public presentation	Project developer	Urban Planning Department
Phase 6: Project assessment / Project clearance	Urban Planning Department	
Phase 7: Land allocation procedure / Contract negotiations		
Phase 8: City Council resolution / Legally binding construction plan		
Phase 9: Submission of plan / Approval procedures / Building permit		

维也纳规划进展表。在维也纳,任何高层建筑项目都必须遵从一种城市和开发商之间的持续对话。

维也纳

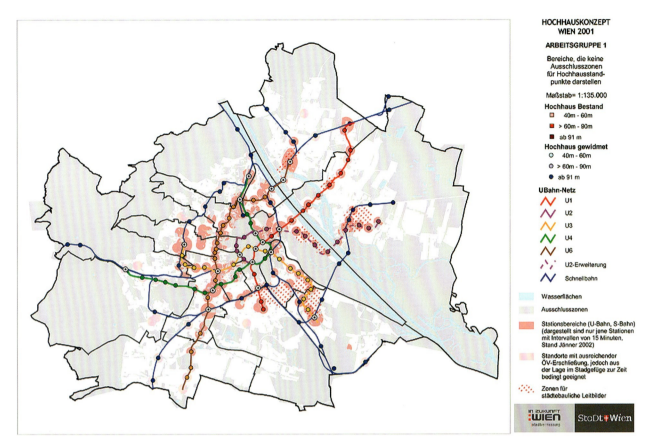

筑高度限制兼容的若干分区（健身区），所谓的高度限制是指任何高度超过35米的建筑。后者即所谓的禁区，这是根据维也纳建筑范例第7条规定宣布的，主要涉及未被公共交通网络充分覆盖的广阔的绿色空间、历史城区地带。除非这项发展规划中另有说明，摩天大楼允许修建在住宅和混合用途区域，这些区域现在都被宣称为Ⅵ级区域。这些地区中的部分被一个允许高层建筑开发的重建和改建规划所覆盖，以补足预计共有80000座现代公寓的住房缺口，前提是这些高层建筑必须符合维也纳的景观。工业区仍然与高层建筑开发项目兼容，除了某些特定区域的最高高度限制被提高至35米以外。最终，还有一些特定区域让摩天大楼能与维也纳传统都市结构兼容，比如城市中心或者边缘区域。

根据这些分区原则，4个特定区域被积极地标识为能够允许高层建筑开发的，这也是在具有法律约束力的总体规划框架（见发展规划）中的。这4个得到许可的区域是：维也纳商品交易大楼/体育场/多瑙城大桥（位于第2区）；维也纳火车站/兵工厂/阿斯彭车站/Neu Erdberg/Simmering（位于第3、10和11区）；弗洛里茨多夫（位于第21区）；中央Kagran-Donaufeld（位于第22区）。第5个私人项目将会在第15区（欧洲广场/火车西站）进行。这些兼容区域是根据建筑范例中罗列出的若干考虑因素而选定的：与历史名胜建筑和公共花园的最小距离（在这个案例中是100米）；遵从远景规划和特权的全景照片；公共交通服务的现状——最大距离300米以内就必须有有轨电车或者地铁站，不论是已经运行还是尚在规划中。位于多瑙河东北岸的多瑙城综合体属于第1个特定区域，这在各个流通层次（行人水平、地下和停车场水平）和混合活动上来说都堪称高层建筑开

Eignungszonen（合格区域）规划图。这个合格区域规划是根据许多标准来制定的，例如到交通中心和观景走廊的距离等。

发的典范。

划定分区使得国内和国际投资商能够快速地选定其投资目标区域，并仅与一个政党和城市进行联系。在这些分区中，高层建筑必须满足10个由政府颁布的规划标准，这将有助于将这些建筑与其紧邻环境和城市风景相融合。

都市天际线/都市风景

研究维也纳的总体城市轮廓或者城市风光是为了确定高层建筑的位置。与巴黎不同，维也纳选择在其他维度而不是高度上突出建筑特性。我们对于城市的这种辨识性和理解力是被受保护的全景图和透视图系统所控制的：例如卡伦堡山或者利奥波德上的全景视角，观景台或者瞭望台等"历史"监视哨，最后是多瑙河塔或者大车轮（维也纳摩天轮）等公众可以进入的占有上位有利位置的建筑。从例如圣斯蒂芬大教堂等关键位置得到的视觉椎体和远景图可以补充整个城市视轴（视图轴线）地图。维也纳城市风景和遗址通过观景走廊得以保护。

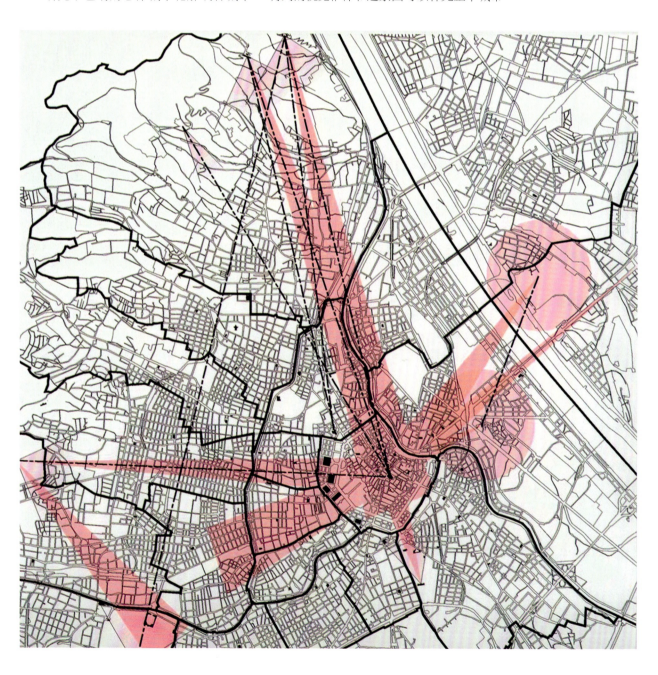

的景象。但是这种安排并不需要排斥高层建筑，在这些视觉轴线的新区域中，未来塔楼项目的建造仍然是可行的。或者，它们也可以被定义为排斥区域，并被划分为保护区域（见视轴地图）。

塔楼设计

负责高层建筑项目的开发商必须证明建造的可行性和对环境的影响都是符合规定的。结合之前提到的"高层概念规划"，Coop Himmelb(l)au于1991年提出了一个每个项目都必须遵守的10项标准提案。维也纳市最终决定要遵守这些标准，这些标准被制定用以保证建筑质量，但是如果不能"成为一个具有良好品位的裁决人"就没有任何意义。

这些标准中的第1个是要组成能提供不同专家（建筑学、工程学、城市规划学、交通、可持续发展、土木工程）的多学科小组。第2个标准要求对于塔楼在都市环境、规划目的、使用规划密度、对于相关周边地区城市结构的影响等方面的兼容性进行评估，即使这个地点已经进行过高层建筑项目可持续性及其与城市结构和交通环境兼容性的综合评价。为了保证与交通环境的兼容性，私家车交通的分配最大不能超过高层建筑项目带来的总容量的25%；此外，这个项目还必须与高等级公共交通网络保持足够的连通性。第3个标准明确高层建筑在美学上也必须融入整个环境：单一摩天大楼或者摩天大楼集群的建筑构想必须采用竞标程序（Ringturm塔楼和媒体中心大楼就是简单的例子）。第4个标准则涉及建筑创造的阴影和形成的风向：根据太阳的平均位置（以3月21日的太阳高度为基准），高层建筑不能遮挡其紧邻的环境超过每天2个小时或者产生风向走廊。

根据第5个标准，项目必须满足技术和社会基础建筑的相关标准。第6个标准要求准备绿化空间和室内室外公共及半公共空间以供文化或者商业用途，这来源于苏黎世和伦敦的类似安排。第7个标准涉及规划项目的可持续性，建筑必须能适应未来的变化，因此应该采用弹性的内部布置方法。第8个标准要求使用生态有益的可回收材料，并要考虑到后续的改建或者拆除工作。第9个标准强调了这个项目的执行情况，采取定期质量控制、施工阶段进度的大众宣告、任命相关人员解决投诉和纠纷等手段。最后第10个标准要求通过3D文件、专家报告及新闻发布会等方式进行项目的公众展示，包括真实和虚拟的展示。受到了伦敦首创方法的启发而迈出的这一步，对于土地使用请求的变化来说，都是强制性的先决条件。可能做出并且开发商必须回答的任何反对都必须进行记录并且立即公布。后者同时也必须保证运输系统的财政状况以及与公共道路网络的连接通道。

建筑条例/消防安全

这些观点没有进行特别的研究，但维也纳建筑法律（维也纳建筑规范）对于安全问题明确了通用方法。

生态学

高层建筑的能源效率在评估其总体质量时都是始终要必须考虑的。根据建筑范例，超过60米高的摩天大楼要在风力、阴影形成、能源效率和建筑安全性方面进行补充评估。高层建筑与公共交通网络的连接会进一步地对环境措施做出规划。

更多详情，请见：

维也纳市
http://www.wien.gv.at

巴 黎

巴黎与高层建筑之间矛盾的关系包含了意识形态、实用主义和唯美主义的元素。法国首都城市在与20世纪六七十年代的高层建筑遗产形成共识的许多方面都仍然存在问题。对于这个时期的高层建筑都是带着挑剔的眼光在审视的，有时它们甚至被认为是与都市设计的良好做法相悖的。公众观点和市政当局在接受还是反对一种本质上违反了长期存在的城市建筑高度限制的建筑类型之间不停地来回摇摆。此外，1973年围绕历史老城区修建的环形道路从政治分离的角度增加了一种在历史核心区和郊区之间（"巴黎墙壁内"和郊区）的空间二分法，后者目前在高层建筑的规划方向上仍然占据关键地位。

背景/环境

巴黎市规划中建筑高度的概念的根源是巴黎在法兰西第二帝国时期由豪斯曼政府在19世纪五六十年代推进的现代化进程。根据建立目标的远景、对称性和规模，豪斯曼男爵提倡根据道路宽度来计算最大建筑高度，这是为了对城市上的视觉次序施加影响（1859年颁布）。这个建筑高度的概念在纳入1902年颁布的法令之前进行了几次修改，这项法令是由道路建筑师Louis Bonnier起草的。这项法令名为"调整巴黎市建筑物高度和壁架的法令"，有效地规范了建筑高度和项目选定的相对于都市环境的建筑围护结构，这种做法塑造了大部分的城市形态。建筑物沿着街道呈严格的直线排列，因此强调了直线的焦点是整个城市重要的组织成分。

虽然1902年法令经过了若干次的修改并且在特殊免除情况（例如1958年由Édouard Albert设计的Tour Croulebarbe，1963年由Henri Bernard设计的Tour de la Maison de la Radio）下被废除了，但其效力一直持续到1967年。在那个时候，地点委员会、塞纳河全景和风景委员会被赋予了颁发建筑许可的责任，如果某个位于高度限制为31米区域中的项目（即使是摩天大楼）能够改善都市风景，还可以为其给予特殊豁免权。在1967年，1902年法令被整合进名为"城市总体规划"或PUD的城市规划方案中。这是由建筑师Raymond Lopez和Michel Holley起草的，PUD规划将"城墙内"的区域划分成行为区域（住宅、商业、大学和行政）和被称为"土地利用系数"（CUS）的容积率的固定区域，后者是根据其土地用途来确定的（住宅区是3，行政和商业区是3.5）。PUD确定中央区域和郊区的高度限制分别是31米和37米，但指定革新区域具有特殊的法律地位（绝大多数情况是ZAC—开发区）所以允许建造更高的建筑，因而在特殊规划情况下引入了分配原则。同时当建筑从街道向后移时，还允许额外增建楼层，这样一来就破坏了巴黎的直线排列体系。

在城市革新区的公共开发作业则是基于认为塔楼是一种对都市结构的有益理解，因此这就需要适当的分类：基于安全方面的考虑，高层建筑物（IGH）成为高层建筑的国家定义。诸如第15和第19郡这种郊区，可以逐渐地看到其天际线正在发展，同时河岸西边有两个大型基座高层建筑开发项目（塞纳河前区/勒奈尔酒店，见第136页）正在进行中，东南方向的第13区也有一个项目（Les Olympiades）。这些项目标志着突破过去，并更加明确地来自豪斯曼主义，基于现代主义元素努力提供当代住房和相关设施。对于第三产业，PUD旨在限制新的"城墙内"开发，除非它们能与蒙帕纳斯和德贝尔西码头等交通中心相连，提倡"分权"成为各个郊区，使得"超大的"建筑经过"精心考虑"之后能成为现实。

自从在1974年当选之后，法国总统瓦勒里·季斯卡·德斯坦禁止在内城区修建高层建筑，这在一定程度上是对围绕在蒙帕纳斯大楼和由地点委员会（截至1970年仍有42个尚未决定的建筑许可申请）颁布的许多类似批准的的抗议的反应。最著名的是，德斯坦宣称他并不希望巴黎成为另外一个"塞纳河上的曼哈顿"。法国总统在延缓高层建筑修建方面的努力也进一步扩展到巴黎西面的拉德芳斯这类城外商业区中，那里的第一个开发规划方案于1964年刚刚获得国家的批准。为了符合德斯坦的态度，名为"土地利用规划"（POS）的新的土地使用规划方案在1974年取代了之前的PUD，其在巴黎内城区中引入了一个非常严格的高度限制。但是ZAC原则依然保持运作并继续做出豁免，ZAC巴黎左岸项目就是最近的例子（见第80页）。但是自从2003年开始，ZAC不再为37米高度限制做出自动豁免，这个限制是由现在的PLU（地方城市发展规划）设定的，它于2000年取代了POS。

20世纪六七十年代，巴黎郊区遍布高层建筑。"大型社会住宅区"项目（见第96页）就属于高层住房建筑方案，其中修建的尖顶塔楼和板式住宅就是现已被放弃的大型住房政策中的一部分，为巴黎附近的建筑规模带来了巨大变化。之前提及的拉德芳斯金融中心也在郊外，位于巴黎一个重要历史轴线的西面，它是由国家发展机构EPAD（创立于1958年的拉德芳斯区域开发公司）修建的。

同一年由巴黎市议会创立的PUD，这个巴黎规划办公室（巴黎市规划院，APUR）负责预计城市和社会的各种需要，通过对城市规划的特殊研究对其做出反应。它同时还负责起草未来的规划

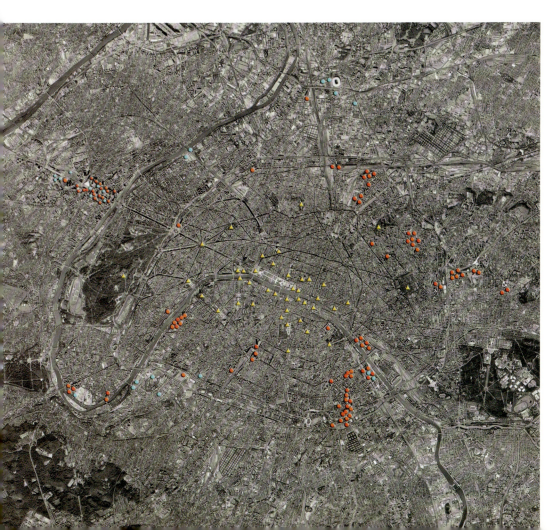

▲ 地标建筑
● 建成项目
● 计划项目

方案、开发政策和相关法律文件。基于这种责任，APUR在2003年发布了一份的名为"巴黎塔楼评估和展望"的报告，对于城市高层建筑开发项目的潜力和范围进行评估，并将景观和设计质量的概念包括进特定区域（ZAC）行为的功能分类中。郊区中的4个区域被判定能够从高层建筑开发中获益，缓和拉德芳斯未来的人口饱和压力，在巴黎的城门区创造出新的经济中心，西北方向的巴蒂尼奥勒、东面的塞纳河左岸（见上）就是最知名的例子。其次，这份报告对于混合用途的摩天大楼也做了仔细的审视。

在2006年，巴黎市议会进一步鼓励对高度的反思。在接下来的一年，包括选择性成员在内的工作小组提交了一份相关研究成果的总结，建议放宽对高度限制的法律，这样能确保巴黎内城区的城市发展和复兴。同样的，2008年4月发布了一份公开审计结果：CAUE（巴黎建筑、城市规划和环境议会）公布了名为"明日巴黎：有关都市形态和高度的公民会议"的报告，其鲜明地支持了与运输中心相连通的混合用途高层建筑开发项目。根据这份报告，塔楼可以使房地产升值，并为公园、公用设备腾出空间，这样就可以满足"都市密集化"的需要。

城市法规、职责及其确立者

今天，地方城市发展规划（PLU）决定了城市规划和规章的长期方向，据其组成了PADD（规划和可持续发展项目）、高地地图（见图）这类图形文件和Plan des Fuseaux de protection du site de Paris（见走廊地图）。PLU是由许多合作单位联合起草的，尤其以市政府和巴黎近郊区最为用心，同时还得到了社会团体和公众咨询的协助。随后PLU被交由巴黎市议会做最终的审批。建筑许可是由城市规划部门（规划管理局）处理的。

拉德芳斯在规范方面是一个特殊的案例，并未将其纳入巴黎内城区PLU。EPAD当局进行了调整，这个地点的规划方案是与拉德芳斯项目所在的另外3个自治区（楠泰尔、库尔布瓦和皮托）一同进行审批的。拉德芳斯所在区域在2008年进行了合并，它西面的相邻区域的塞纳河区项目则导致一个名为"拉德芳斯-塞纳河下游公共建设管理局"（EPADESA）的新建公共机构的创立。

巴黎郊区的城市发展也必须遵从与巴黎市中心类似的法律，巴黎郊区新修建筑的最大高度必须交由每个巴黎人聚集地社区的当地PLU自行立法确定。但是相比于城市中心，这些要求的运用要更加简单化，带来的争议也较少，因为市中心的建筑历史传统已经根深蒂固了。

分区/都市规划

被PLU覆盖的巴黎区域被划分为3个都市地带（见统计地图）——一般区域（UG）、都市服务区（UGSU）和绿化区（UV）以及1个自然地带（天然林区，N）。巴黎市大部分区域都受到绿化区（UG）的影响，这些区域中的建造行为是根据被设定在3的容积率（土地利用系数）而受到控制的。UG区域中新建筑的修建必须满足在高地地图将高度限制在37米内。最新关于高层建筑开发项目的咨询会，引发了对将城门区周边建筑高度限制像郊区那样放宽的可能性的讨论，这种趋势从某种程度上来说已经成为现实了，位于巴黎西南城门区的由建筑师Herzog & De Meuron负责的三角塔项目（预计完工日期为2008—2015）就是一个例子。在由文化交流部部长组织召开的"大巴黎"讨论会（2009）的高级咨询会上，就邀请建筑师交流其对于巴黎未来都市发展的认识，结果表明高层建筑是许多规划师心中的首选方案。

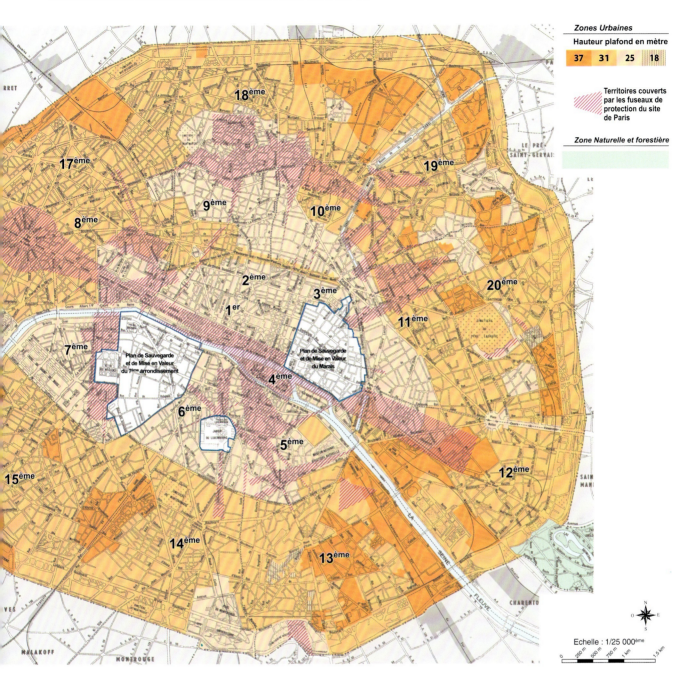

拉德芳斯商业区被纳入楠泰尔、库尔布瓦和皮托的当地规划（PLU）中。例如，皮托的PLU为了鼓励办公室大楼的密集化，就将其商业区建筑高度限制在345米，Norman Foster设计的埃尔米塔（323米）就是最好的例子。

都市天际线/都市风景

巴黎市的"观景走廊"规划指明了受保护的全景、观景走廊和景点地点，PLU的建筑高度限制（见高地地图）对于这些地点是无效的。这些从特定公共位置（例如罗浮宫和万神殿）可见的非凡景色是受到了城市规划（城市规划范例）中相关条款的立法保护的。在拉德芳斯商业区，塔楼对于天际线的影响是通过使用由开发商和政府当局制作的全景仿真进行评估的。

高地地图。巴黎历史遗迹能得到保护还得感谢高度限制和观景走廊的存在。

塔楼设计

在城市当地规划（PLU）和IGH规程中都没有对此明确地提及。

建筑条例/消防安全

根据消防条例，一栋超过50米高的住宅建筑或者超过28米高的办公楼建筑就会被认为是高层建筑（IGH）。根据法国法律，高度超过200米的建筑就会认为是超高建筑（ITGH）。高层建筑（IGH）根据其采用的特定条例而被分为不同的子类别：包括住宅、酒店、学校、指挥塔、医疗中心、办公室（这些建筑高度要么在28~50米，要么超过50米）和多用途建筑。高层建筑的修建地点被要求距离主要急诊中心和消防中心不得超过3千米。但是这种距离的完美可以通过立法批准高层建筑在更远的距离上修建，只需要获得相关咨询委员会部门（安全性及连接性顾问委员会）对其安全性和连接性的批准即可。建筑规程规定了最大占有密度（每人10平方米），明确了旨在限制火势蔓延的程序（防火设备），列举了禁止使用的材料清单，要求在发生灾害的情况下控制电梯并使用太平梯，控制修建过程符合标准。在得到群众防护咨询委员会批准的情况下，市长可以要求开发商修建的建筑必须是处于一间在内政部长处注册过的实验室的控制下。

生态学

巴黎一直在追求具有可持续性和经济上可行性的大都市开发策略。这通常需要在各种形成冲突的需要（例如住房短缺和需要更多的绿化面积）中达成妥协。这些努力的部分成果是1995年引入了以效能为基础的HQE（高环境质量）认证体系，其目的是在不设定建筑限制条款的情况下找到环境问题的解决方案。该体系强调了若干特定标准，例如建造时间、低能耗、内部空气质量、建筑及其都市环境之间的和谐关系等。在拉德芳斯，由法国建筑师Christian de Portzamparc在2008年为法国兴业银行修建的"花岗岩塔楼"，就是第1座获得HQE认证的塔楼，它也成为HQE在高层建筑（IGH QHE）中运用的典范。

另一个能进一步确保城市可持续发展和开发的工具是环境高性能认证体系（高环保性能——THPE），其设计目的是降低高层建筑20%~30%的能耗，同时也是为了核实建筑项目是否符合并超过现行法律要求。为了与拉德芳斯EPAD当局的环境管理方法保持一致，HQE标准实际上是包含进入其高层建筑翻修政策中的，正在进行的1号塔楼翻修工程（Pierre Dufau，1974；Kohn Pedersen Fox，2009—2011）就是例证。

EPAD当局在2007年通过批准一个可持续开发特许权（可持续发展宪章）进一步展示了其承担的义务，在2008年时又组织了针对可持续发展的第1届世界商业区最高议会，这产生了一个完美的特许权。现有义务旨在从中长期的角度改善能源管理水平，确保能更有效率地利用自然资源（水和空气），在建筑材料上更有选择性，减少和回收废物，增加混合空间和用途，改善公共交通，在每个商业圈中进行有效的监管，最后是增进各商业圈之间的合作互助。关注的问题不仅是针对未来建筑的标准规定，而且还有对现有建筑的整修或者重建，因此对拉德芳斯的都市复兴规划进行了调整（拉德芳斯复兴计划，2010）。这项规划为该地区高能耗的第一代塔楼制定了整修策略，这是为了满足最高要求和认证标准，同时增加了HQE、LEED™和BREEAM认证体系（参照正在进行的忠利大楼项目）。

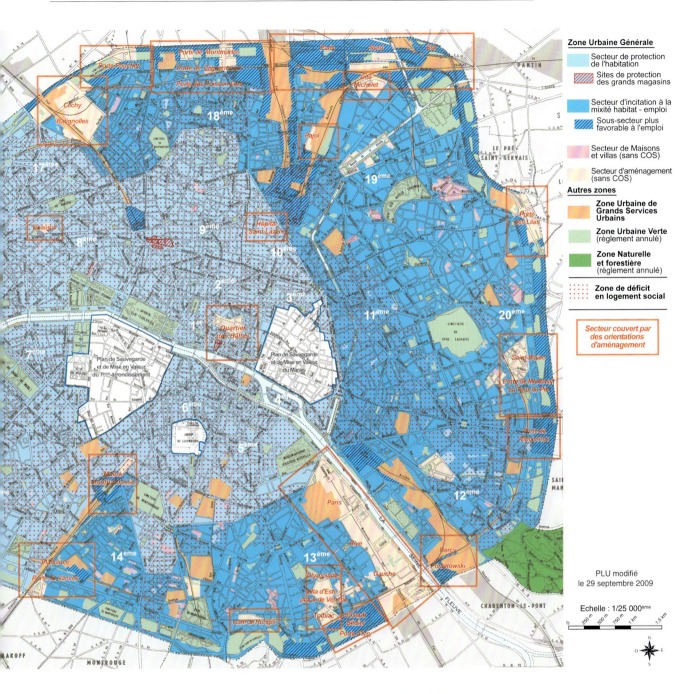

更多详情，请见：

巴黎市/地方城市发展规划

http://www.paris.fr

拉德芳斯商业区

http://wwww.ladefense.fr

EPAD-EPASA：拉德芳斯-塞纳河区

http://www.ladefense-seine-arche.fr

规划范例（城市规划范例）

http://www.legifrance.gouv.fr

IGH规章

www.sitesecurite.com

合成地图（统计地图）。巴黎内城区大部分区域受到了一般城市区的影响。以塞纳河前区为代表的红色区域表示采用了特殊规划指导。

纽 约

虽然曼哈顿岛因其壮观的建筑天际线在全球范围内成了纽约市的标志，但就其本质而言，它只是城市5个大区之一，另外4个分别是布朗克斯、布鲁克林、皇后区和斯塔顿岛。作为城市的商业、文化和政治中心，又受到水域的限制，曼哈顿承受着相当大的发展压力，它选择在其常规的都市网格基础上修建高层建筑来使其城市密度最大化。从最开始，曼哈顿的城市空间管理就一直受制于私人动机和政府当局之间的利益冲突，从某种程度上来说，是被由豁免权、特许权和赔偿金组成的体系所阻碍了。市政当局复杂的建筑规章，展示了其尝试让建筑更好地适应城市在经济、商业和政治方面的真正需要的首要意愿。

背景/环境

纽约在19世纪早期就确定了其作为美国经济首都的地位，由于惊人的人口膨胀而被迫进行城市转型。为了处理人口激增，市政府将城市土地进行了划分，并将其中大部分出售给私人投资商；但保留了城市开发的监管权，由市政委员设计出一种土地使用上的平等制度。委员会规划于1811年由纽约州地理专家Simeon de Witt、纽约州长Morris和律师John Rutherford共同设计。这项规划通过将土地多孔状地划分为2028个街区，通过这种简单化可以缓和许多土地所有者之间的预测规划冲突。这项规划也制定了一个持久的城市框架，能够实现纽约成为国家经济和商业首都的渴望。这种广阔的街道布局只是一个针对100万人口的临时规划，这个数字是那时城市人口的10倍。各长方形街区通过道路网络相互连通，形成了一个允许从北向南和从东向西的快速车流网格。除了百老汇大街以外，没有其他公共建筑或者主要道路是偏离这种城市矩阵的。这样，对于私人和公共空间的平等管理贯彻于整个城市中，能够保证商业活动和交通运输有效地运转。

例如钢结构工程和电梯的广泛运用等19世纪末期的技术进步，加上曼哈顿的城市网格特性和强烈的房地产投机行为，促使了一种将摩天大楼包含进曼哈顿都市景观的几乎是逻辑上的转变。因而曼哈顿的摩天大楼急速增长，并超过了其在芝加哥规模，后者直到1923年都是将建筑高度限制在22层。Cass Gilbert是美国最著名的高层建筑师之一，同时也是伍尔沃斯大楼（1913）的设计师，他就宣称摩天大楼是"一个让土地付出代价的机器"。由Ernest R Graham设计的公平人寿大厦建成之后（1915），纽约的分区规则于1916年正式通过，其街区的庞大体积饱受争议。为了防止高层建筑将曼哈顿铸成永恒的黑暗，在对市场数十年未曾干预之后，进入了一个公共机构参与都市空间管理中的新纪元。1916年分区决议很容易被误解为按照区域进行分区，它通过修建地点中四分之三的建筑的形状和体积进行规定而确定了纽约摩天大楼的整体形式，这些规定是根据街道宽度和后移角度来确定的。因此定义出5种类型，这些建筑获得了神庙般的声望，同时这些建筑又因为Hugh Ferriss在其著作《明日大都市》（1929）中的描述而广受欢迎。这个仅仅给予占地面积四分之一的建筑在高度方面完全自由的支配选择的建筑规章，制止了那些被认为体积过于庞大的建筑项目。甚至，它还检验了后移体系：后移是建筑的一部分，在建筑达到其设计总高度之前，后移超过建筑基座高度的距离。第一次后移的准确位置随着街区不同而变化。这个分区决议被认为是一种民主进步，同时也是管理者和确保最少日光及空气量的开发商之间的一种共识；如果没有这些最少量的要求，建筑将会失去其价值。从理论上来说，其目的不是修建尽可能高的建筑，而是定义一种"可居住的高度"。从现在开始，楼层的数量是与公共健康要求联系在一起的。但是，由于开发商对于更有效率投资的追求，这种对建筑高度的现实是不成功的；20世纪20年代的改革家要求降低场地覆盖率从而可以增加底层的公共空间，可惜大部分要求都是无效的。

这种对于公共空间的要求最终因为众多建筑师深思熟虑的计划，而在20世纪中期成为现实：由Skidmore、Owing & Merrills设计的利华大厦（1952），由Mies van der Rohe设计的通过整座大楼的一处在街道边界的凹处从而绕开了后移规则的施格兰大厦（见第39页），创造出一种井然有序的整体价值。20世纪50年代见证了密度的极端增长，而1961年的分区决议将容积率（FAR）的概念运用于所有新的开发项目。随后，相关法律明确了容积率奖励制度，这些制度是对同意致力于通过留下一部分建筑土地不进行建设，并且在底层建有绿化空间、广场或者拱廊来改善都市风景的开发商而言的，施格兰大厦就是典型的例子。基于一个于1916年首次提出的构想，"开发权转让"（TDR）体系在1968年引入，其应用范围是高度低于许可最大高度的建筑。允许这些建筑的所有者将其未使用的土地空间出售给邻近地点的所有者，后者其后可以将建筑高度提高20%。在这种规定的框架内有700座老旧低层建筑符合条件。最著名的一个例子是由宾夕法尼亚中央运输公司将中央车站的权利出售给泛美大厦（完工于1963年；现为大都会人寿保险公司大厦）。但Walter Gropius的摩天

▲ 地标建筑
● 建成项目
● 计划项目

大楼则遭受了冷遇：它突出了私人利益和市政规则的覆盖是如何的雄心勃勃却又困难重重。因此，1961年分区决议得到了不断的优化和列举说明，其混合用途的目标通过放宽之前过于严格的分区功能分化条款而得到了体现。

城市法规、职责及其确立者

今天，分区决议由城市规划局（DCP）负责。通过主动改变规划和分区法则来提升城市发展战略的水准。因此DCP回顾了每年在分区变化和处理城市财产方面的土地使用情况。建筑局将分区决议作为城市建筑范例（颁发建筑许可）的一种指令实施。在公开审查的框架中（土地使用审核过程——ULURP，这个体系将审查影响土地使用的各个申请），城市规划委员会对于在城市规章的条件下选择使用和改善分区的方法负有责任。城市规划委员会和/或标准及上述委员会（BSA——仅有小型项目做此要求）会考虑简单授权的可能性（没有ULURP参与），在严苛的规则已经不公正地限制了某地点的开发时，还可以颁发豁免权或者特殊许可权。任何获得豁免权的项目都必须满足国家环境质量评估（SEQR）以及城市环境质量评估（CEQR）的标准。总而言之，DCP负责各种规章（拟稿中或已实施的）的修正案，不论是基于其自己的动机还是纳税人、地区议会或者市长的要求。更重要的是，当满足建筑权利转让（TDR，见下）条件时，地标建筑保护委员会对于这个项目的报告将会提交给城市规划局。

分区/都市规划

纽约的分区规划将曼哈顿划分为3个区域：住宅区、商业区和工业区。这3种基本区域又根据特殊的分区规章进一步细分为低、中和高密度区域。每个区域的使用许可按照18个使用类别在分区文件中有所详述（例如第1、2类是住宅区，第3、4类是公共建筑，第5~9类是零售业）。任何类别建筑的面积必须是等于或低于规定的场地覆盖率（被建筑覆盖的分区场地比例）并且满足容积率要求的。这种规定确定了用于公共领域的底层面积和空间，后者将决定建筑高度及其与相邻建筑的间接关系。后移体系通过根据该区域的道路宽度而确定，这将决定建筑的大体轮廓。在住宅区，相关规章鼓励开发商减少建筑物拥堵，通过将建筑物从街道后移并包括非路停车空间从而降低建筑物的总体积来实

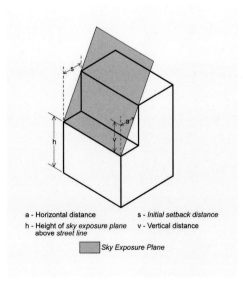
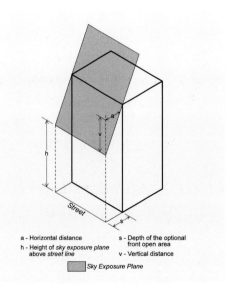

天空曝光度平面图。示意图展示了后移体系对于街道中日光数量的影响。

Christian de Portzamparc 设计的位于曼哈顿第57街的路易威登大楼。

现。城市将其相关规章的基础确定为对于天空曝光平面度的评估，这是为了维持街道水平的光线和空气质量，主要是针对中密度和高密度区域。街区规章要求建筑结构必须符合一种理想化的倾向水平面，这起始于一个特定高度并且随着向分区地点的深入而升高；其垂直和水平距离由一个固定的比例进行规定（见"天空曝光度平面图"，图1和图2）。因此，这种评估将确定建筑物的最大高度、后移深度或者甚至影响建筑顶层的形状，后者通常被要求为斜坡式的。在这方面，通常会存在"高度因素建筑"，即其体积是由高度因素（建筑的总楼层面积是被其覆盖率所划分的）、容积率和空地率确定的住宅开发项目，并且这种建筑是处于天空曝光面中的。高度因素规章旨在开发周边围绕空地的高层建筑。

在高密度商业区，塔楼被定义为穿透天空曝光面并占据地段40%或者小型地段（直到1858平方米或者20000平方英尺）50%的建筑的一部分：它必须从宽阔街道向后移3米（10英尺），从狭窄街道向后移4米（15英尺）。根据塔楼是否"建于基座之上"以及其修建地点是否由两条或者更多街道来划定的，相关规章各有不同。根据后移要求，只要有一个点达到规定的（抬高的）地段线，建筑即符合要求：与普遍假设相反，具有神庙般声望的"婚礼蛋糕"式建筑并不是一种正式的要求。从这种观点来看，由Christian de Portzamparc设计的位于第57街的路易威登大楼（1997）是具有启发意义的，因为它对结构惯例提出了挑战。这座建筑位于高密度商业区，它之所以高度更高，还得感谢城市在楼层面积上一定程度的让步以及收购了相邻美术馆的开发权（分区地段合并原则）。分区决议硬性规定在建筑的第11和第18层楼必须有凹处，这就是之前提及的地段线：建筑师为其建筑选用翻光面是因为可以仅需

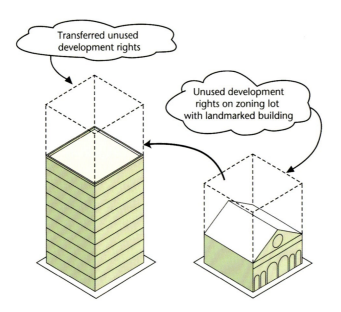

开发权转移体系的示意图。在特定情况下，TDR体系允许将开发权从一个分区地段转移到另外一个分区地段。

一点，就可以在这些指定楼层获得明显的线条。

根据分区法令，分区地段合并是"两个及以上分区地段联合成为一个新的分区地段"。这能保证未使用的开发权利从一个开发商向另一个开发商的转移，这是合法的权利。TDR体系应用于两个相邻建筑，或者两个直接横跨街道或在路口呈对角线的建筑，其中一个建筑物必须是在地表建筑保护委员会清单中被认为是地标建筑、戏院或者任何其他特殊结构的建筑（不包括雕像、纪念碑和桥梁）（见TDR示意图）。相关规章明确了建筑面积的容积率不能超过规定，也明确了住宅区和商业区之间的区别，将新建筑的目的纳入考量之中，否则的话城市规划委员会就必须颁发特殊许可证。

都市天际线/都市风景

在分区决议中没有特别提及与天际线相关的内容。

塔楼设计

在纽约分区决议中，并没有直接涉及建筑美学问题。在某些情况下，市政当局要求某些项目必须包含对公众开放的空间、拱形游廊或者能够进入反过来影响高楼建筑的公共交通网络。

建筑范例/消防安全

消防安全在纽约市建筑范例中是一个重要的元素，特别是自从2001年9月11日的恐怖袭击以来更是如此。建筑内外部材料、电梯位置及功能的选择都必须遵守严格的法律。规章中另外一部分则是考虑风向对高层建筑的影响，这取决于大楼是位于市中心还是沿着河岸，此外还考虑了地震造成的潜在损害。更重要的是，为了限制反射效应而选择的幕墙玻璃也同样重要，因为它将决定建筑钢结构的类型。材料和结构设计的质量必须满足美国钢铁结构协会的标准。

生态学

由城市规划委员会根据国家法律（SEQR）于1977年引入（1991年更新）的城市环境质量审查体系（CEQR），其目的在于辨认任何城市干预带来的潜在负面影响，并找到可以成为整个规划程序中公共审查范例的解决方案。如果分区地图或者文本修订本是由城市规划局提出的，其潜在环境影响是由城市规划委员会进行评估的。环境协调办公室出版的CEQR手册为市政府和开发商提供了起草提交的项目影响评估报告（环境评估声明）的指导方法。根据这份声明，委员会将批准方案或再提出合适的缓解措施。在2005年，市长Michael R Bloomberg批准了第86号法令，要求所有新的建筑都必须符合由美国绿色建筑议会提出的LEED™标准。86号法令的主要目标是优化能源管理，减少废物，保持水土。这项法令属于纽约2030规划的第一阶段，其旨在将整个城市的能源消耗和二氧化碳排放量减少50%。

城市规划局（特别是建筑可持续发展委员会）目前正致力于可持续发展的方法，著名的方法包括将建筑屋顶重新漆刷成白色或者将其转变为屋顶花园，安装能源回收微型燃气涡轮发动机和太阳能电池板。根据2005年的能源政策方案，任何降低其能源消耗的建筑都可以获得退税优惠政策。在2006年，纽约摩天大楼博物馆进行了"绿色团队：如何在商业中成功获得可持续性"展示。这个展示列举了曼哈顿的"绿色"高层建筑或者建筑项目，其中包括Skidmore、Owings & Merrill设计的自由大厦（预计于2013年完工）和福斯特建筑事务所设计的赫斯特大厦（2006）。这也为建筑师、政治家和LEED™代表提供了一个展示关于未来都市发展趋势的工作的机会，其中包括在这个区域中可持续发展方面新技术的运用（运输、幕墙、空调和结构）。

更多详情，请见：

纽约城市规划部
Http://www.nyc.gov/html/dcp

纽约建筑局
http://www.nyc.gov/html/dob

纽约摩天大楼博物馆/"绿色团队：如何在商业中成功获得可持续性"展示（相关结论见博物馆网页）
http://www.skyscraper.org

曼哈顿市中心高层建筑的后移逻辑。

香 港

香港的人口超过700万,加上其山地地形,超高密度问题非常显著,因而突出了前期规划的重要性,其中主要重点内容包括优化土地使用、最大限度地利用公共交通和确定最佳密度。香港目前使用的城市规划方法非常独特,是在3个分离但又相互连接的层面上进行的:土地规划、土地租赁和建筑控制。因而香港展示了在高层建筑中维持有效管理的至关重要性,即在公共指令的执行和个人目标的追求之间寻找一种平衡。

背景/环境

1898年《中英展拓香港界址专条》是一项扩展了英国对香港领土主权的租约,其行政领域除了香港岛和九龙半岛以外,还包括大屿山及相邻的北部岛屿,即所谓的"新界"。这些行政分区直到香港于1997年回归中国之前都一直有效。

在第二次世界大战之前,所有建筑项目都受到1935年颁布的《建筑条例规定》的约束,该规定将建筑高度限制在5层楼。在战后和日本占领期(1941—1945),虽然对于住房的需求猛然高涨,但香港政府并没有实际参与城市的重建中,而是坚持了其不干预哲学。在20世纪中期,关注从国际重新聚焦到中国的国内动荡,其政治动乱(主要指"大跃进"和"文化大革命")使得许多人逃离中国大陆到邻近的香港寻求避难。香港人口激增带来的外部压力迫使(几乎是默认)建筑条例署在放宽了租赁条件的地区批准了为数众多的建筑项目,这是为了满足增长需要的物理条件。此外,根据之前提及的中英租约而确定的英国殖民地的领地,通过一个长期租赁体系而被转租给开发商,这构成了政府财政的主要来源。为了将交付拍卖的土地价格维持在一个高水准,就必须限制供应量;因此土地的使用必须细致地配给,结果就是开发商便在最大许可条件下有组织地开发土地。1984年签署了香港土地回归中国主权的条约(计划于1997年完成),这项协议对中英之间的租赁条件非常关注,因此考虑到了房地产的压力,并规定香港政府每年可以获得不超过50公顷的土地租赁权,这一范围在1992年可以增加到159公顷。这些限制条款是为了防止香港政府在1997年之前的过渡期中继续出售新的租赁权而使资金流动最大化。

简单来说,在战后城市重建的大环境下,租赁条件的调整是基于对高度、密度和场地覆盖率的控制。这也导致了与英国和美国一样的容积率概念的出现及运用。1963年,在现有人口密度(住宅区R1、R2和R3)的基础上划分了3个密集区域,按照相关分区法令对这些被确定为低密度的区域进行控制管理。在20世纪80年代初期,这种控制进一步导致了《香港规划标准及指南》第2章中相关密度标准的出现。更重要的是,由于空中交通而受到高度限制的地点必须接受更加有限的密度和容积率。这3个区域根据其地理形势而相互区分。R1区域确定为主要城市区域,这些区域处于较低的水平面并且从海中得益:容积率是10(如果这个地点仅相邻一条街道则为8)。

R2区域确定为水平面较高的地区,最大容积率是6.6(如果也是仅相邻一条街道则降为5)。最后,R3区域则是诸如太平山顶这类陡峭的地点,这种地点构成了重要的自然遗产,这里的最大容积率被限制在3。

直到20世纪80年代末期,管理问题一直存在:既不是因为不完善的管理规章,也不是因为个人利益成功地抑制了香港居住标准的下降(资金短缺、没有中央协调、多个所有者之间的矛盾)。最终在1988年政府采取了行动,建立土地开发公司,通过在许多地点的大面积重建工作来改善住房标准和环境质量。在由城市重建规划确定的区域中,土地开发公司有权力从事、支持或者协助其重建工程;公司代表自己管理相关运作,或者与开发商或财产所有者建立合作关系。在城市重建程序框架下公共主动性和个人主动性的结合最终导致了香港领土的快速改革。划定区域内的私人开发必须求公平对待承租人,导致必须对公共设施和交通线路进行投资和开发。其总目标是减少对政府津贴的任何未来需求。

在1989年,投票通过了一项决议,同意分散港湾西部的海港和空港活动。两年之后,确定了覆盖整个区域的"大都市规划"(总体开发规划),其出发点是提高对海港的视觉和物理可达性,这是重新分配并降低城市核心区人口密度的战略中的一部分。这个战略的完整过程包括将开发项目分部在邻近的维港填海区域上;大面积的城市重建工作,包括大面积新建容积率是与其到最近一条交通线路的距离成比例的高密度区域;设计绿化空间;提供公共服务的职责。

但是在1996年,《关于城市重建的公共资讯报告》表明政府在进行足够规模的城市改造以及在足够短的时间内缓解城市景观衰败方面依然持续无能。因而,除了政府未来所得的津贴之外,依然有必要创立一种全新的概念机制。在2001年,城市重建局取代了之前的土地开发公司,这是联立了规划署、建筑署、土地署和拓展署的,其具有了城市规划委员的一部分职

▲ 地标建筑
● 建成项目
● 计划项目

责。因此，开发项目放置的流线型化意味着城市规划进程被简化了。2003年，《香港设计指南》明确了未来的设计目标是通过在技术和美学领域增强结构质量以及限制各个区域之间的建筑差异来提高香港的城市形象。基于广泛的大众审查结果，这个指南包含了一系列包罗万象的措施，涉及天际线、海滨、城市形态、行人环境和空气污染的减少。

城市法规、职责及其确立者

今天，城市规划署负责香港的规划政策、土地使用、建筑及城市重建。它接受上级机构的管理，并规划、监管和审查在领土范围内的土地使用。同时，规划署还负责起草地区及当地规划方案和区域改善规划方案，指导规章为《香港规划标准及指南（HKPSG）》。HKPSG决定领土策略和法定及部门规划，这是因其规定了规模、地点和场所要求。规划署需要为由城市规划委员小组和农村及新城镇规划委员小组构成的城市规划委员会服务，后者负责香港的法定规划，这是建立在都市规划条例的基础上。城市规划委员会负责审查法定规划草案的准备情况，考量该规划许可的应用条件以及相关的修正案。目前存在两种类型的法令规划：分区计划大纲，该法令决定土地使用分区、开发项目参数和一个单独规划区域中的主要道路系统；开发审批地区规划，该法令为新界的农村区域提供临时的规划控制和开发指导。

在香港，城市规划和上述提及的法定规章在租赁土地体系的复杂框架下共同生效。在指定用于建设的地点转让之前，土地署会明确开发商必须遵从的租赁条件。这些条件涉及容积率、建筑高度和服务业的创建（例如与公共交通的连接通道、公共领域的规定等）。最后，还包括与空中走廊相关的高度限制、特殊控制的区域。因而，大楼的开发过程不仅需要从规划署获得规划许可，而且还需要从土地署得到政府赠地或者契约修订，以及从建筑署得到建筑规划批准。

从一个更加普遍和更大的规模上看，《全港领域拓展策略》为香港的未来发展（包含基础建设和住房建设）提供了一种指导，并构成了分区规划的基础。因而在2007年生效的《香港2030：规划远景与策略》就属于一项领域开发策略，其鼓励政府当局进一步加强管理。同样的，《大珠江三角洲城镇协调发展规划》的目的在于在香港、澳门和广东之间建立一种地区性规划框架。

另外，城市重建局（URA）会在《香港规划标准及指南》的框架下准备并实施城市重建规划：它加速了负面城市区域的重建，执行由政府确定的城市重建策略。URA划定了修复区、征用区和腾空区，接管划定区域内所有将要进行修复、建造的建筑的所有权，或者出售已经修复的地点，公布开发建议，重新安置受影响的租户，管理修复基金。每个开发商的总体规划必须提交给城市规划委员会进行审批。

分区/都市规划

香港的冲积平原具有的山脉和农地地形，这意味着主要的城市区域集中于香港岛（22个香港规划区）北部的海岸线，即九龙半岛（19个九龙规划区）和新界的新建城市（接近60个开发区，其中以住宅塔楼建筑居多）。每个规划区都遵从有固定容积率的《分区规划大纲》，其中住宅区上升到10，商业区上升到15。作为世界上在土地供应有限的制约条件下完成城市运营的一个最主要实例，人口压力和高容积率催生了其极高的建筑密度，这超过了香港其他开发领地的大多数水平。建筑密度在一定程度上也受到例如地下洞室等土木工程技术的限制，而土地所有权条件或者历史遗留问题又会使这一问题复杂化。同时还受到私人部门中不断增加的住房平均规模的影响。

大都市区域包括香港岛、九龙及新九龙、荃湾区和葵青区。纲要计划根据特定的建筑高度、容积率和场地覆盖率（见住宅密度分区表）而被分成3个住宅密度区域R1、R2和R3——这让人回想起1963年的分区规定。1号区域包括高密度住宅区域。这适用于有大面积公共交通网络覆盖的区域。这些区域中的建筑允许有4层用于商业用途。属于这种分类的开发项目随后被细分为遵从现有土地租赁条件（根据地点等级的不同而不同）的"现有开发区域"以及来自政府赠地的"新开发区域"。2号区域适用于中等密度项目，有公共交通服务，但通常不允许将楼层用于商业用途。最后，3号区域即低密度住宅开发项目，公共交通服务有限，因为环境原因而设定了特殊的建筑条件。

在大部分适合区域中的高密度管理实际上是伴随着一个在香港老旧拥挤区域和新界向北的开发项目中的选择性再密集化过程，新界新城区现已完成相关的交通基建项目。关于这个过程，可以分辨出密集、老旧和衰败的区域两种城市类型，这是城市重建局的主要目标区域（平均8层楼高，没有绿化空间）；新建区域，其中高楼超过30层并且带有绿化空间。香港的垂直城市计划一并解决住宅、办公室、商业用地和停车用地，尽管香港政府政策已经提倡并支持大范围的公共交通网络。这些政策通过一系列的合并措施而得到了加强，这些措施包括从1990年开始的公共交通加强工作、高税率、过高的停车费用、就近和混合使用等。其结果就是车流量变得相对较低。同时香港还以其广泛的人行天桥网络为自豪，这些天桥相互连接，并且连

接建筑底层和基座。为了扩展现有网络，香港政府规定对于在其建筑中包含人行天桥区的开发商准予更高容积率的奖励。

住宅密度分区表。都市规划区域包括了决定规划标准的3种密度分区。

都市天际线/都市风景

《香港设计指南》考虑了3个方面的原则：城市居民与城市环境的关系；建筑地点布置（体积、绿色空间和桥梁）；以及决定城市形象的天际线。香港和九龙划定了各个街区的高度轮廓，并鼓励更稠密和更稀疏区域之间的交替。与过去20年的发展逻辑相反，更高的建筑现在集中于内陆，海滨区的开发程度较低，避免因为不渗透性的"墙壁效应"（见"墙壁效应"和山脊线示意图）而干扰空气循环。山脉线及平原的景色是得到观景走廊体系保护的。位于香港和九龙之间的维多利亚港，从《维多利亚港远景及目标》（城市规划委员会，1999年）概括出的方法中获益：目标是通过沿着海滨变化的建筑体积和高度来避免单调的效果，引入地标建筑，保护港口高层建筑的景色，因而在海滨和内地区域之间放置一个不穿透的视觉景色。同样的，属于城市和郊区之间的过渡范畴的城市边缘区域也服从高度层级原则，并且限制对自然空间的潜在开发。

在新界，推荐的做法是修建高层建筑，引入密度层级原则。因此，较低的建筑（例如学校和市政厅）必须修建在历史古镇附近，这是为了避免建筑规模的显著差异。在这些区域中，推荐的做法是创造

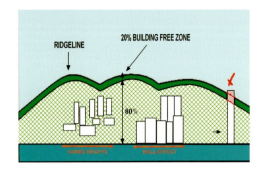

"墙壁效应"和山脊线示意图。香港将高层建筑开发融入其地势中。

一个要么是商业性质要么是城市功能性质的战略焦点。

塔楼设计

根据《香港规划标准及指南（HKPSG）》，一个地点的开发必须有利于行人街和汽车交通的分离（通过行人天桥网络），不论可能与否。这有时在租赁条件中有所规定，或者由开发商刻意做出决定，后者则是为了确保大楼与周边城市活动具有最好的连接性。开发商同样必须创造对城市居民开放的公共空间，这些空间是空气和阳光的保证。租赁条件有时包括了对建筑构想及位置、高度、住房及景观类型的进一步限制。作为这种形势的结果，出现了高层建筑的两种首要类型：第一种是带有基座的混合用途建筑（经常带有客运站、购物中心、停车场、公共空间、住房/酒店/办公室的功能叠加），第二种仅为住宅高楼，可能在其地下带有停车空间。

建筑范例/消防安全

消防安全标准是在英国和美国标准结合的基础上确定的，对于建筑结构和内部组织做出了规定，主要涉及楼梯、消防走廊和疏散方案。冷却材料是指具有高太阳能发射率和/或高发射率特性的材料，要求使用在人行道、街道和建筑表面中，这是为了使建筑对太阳辐射的吸收最小化。HKPSG的建筑布置章节规定建筑应该放置在合适的位置，以保证在建筑周边的期待方向上能获得有效的空气流动（见建筑布置示意图）。在可能的情况下提出了一个解决方案，即在建筑街区之间留出宽阔的间隙从而使得空气流动最大化而风力走廊效应最小化。另外一个解决方案是允许个别高层建筑街区为了获得更好的内部自然通风而占有更多的风力——"高楼街区轴线和主导风向之间的角度应该在30°以内"（HKPSG，建筑布置章节）；为了减轻空气循环，各高楼之间的高度应该逐步提高。以基座塔楼项目为例，如果可能的话，塔楼就必须紧靠基座边缘。因为密集整合开发项目和基座结构项目通常会阻碍空气运动，所以对于非常大型的开发项目（特别是在现有城市区域中）就采用街道水平的措施来使这种影响最小化。这些措施包括按照平行于风向的角度后移，在面对主导风向的建筑表面产生空洞，减少基座的场地覆盖率。按照同样的方式，低层建筑和开放空间被放置在邻近海滨及主导风向的方向上。

从建筑学的观点来看，香港的大部分住宅塔楼的十字型规划是非常明显的。这可以通过要求每个房间都保证自然光线以及视线无障碍区域最大化的法律规定来解释。在高层建筑开发项目中，较低楼层的自然光线来源于周边建筑表面的光线反射，因此这间接地受到整个开发项目的建筑布局的影响。

生态学

公共交通的快速发展是迈向可持续发展的第一步，但从结构的观点来看，这种密度是不足够的。生态方面的关注在1996年的《香港建筑环境评价方法》（HKBEAM）中首次提及，这个报告是建立在《英国建筑研究所环境评估法》（BREEAM）基础上的，并与美国开发行业具有领先地位的"能源环境设计"（LEED™）具有类似的作用（见第246页）。HKBEAM的技术标准非常适合香港的亚热带气候，最初被认

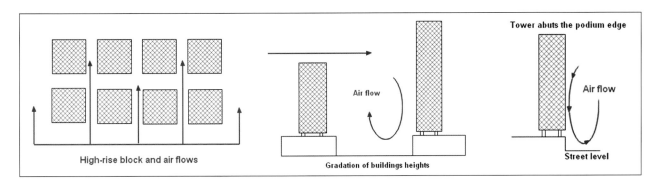

建筑布置示意图。相关规划策略要求在各高楼街区之间提供空气流动。

为是用来规定新修建筑和老旧建筑按照现有标准进行升级的工作，这个标准在不断的更新和完善中。虽然这种标准不属于任何法令的范畴，但房地产市场的需要使其成为一个有价值的评估手段，同时也是香港对其可持续性环境自我营销的一个卖点（在2009年，差不多200座高楼符合这个标准，或正在进行这个过程）。在1997年，由香港政府发起的《21世纪可持续发展的研究》（SUSDEV21）在审批程序中引入了一种可持续发展概念，同时通过将市民纳入这一过程从而增强了公众意识。随后，这个研究导致了对城市社会经济结构建设指导原则和发展指标进行详细阐述，并催生了应用软件CASET（计算机辅助可持续性评估工具）的出现。通过采用统计数据分析的方法，这个工具有助于评估某个项目的耐久性和进化性。这些由可持续发展体系（SDS）确定的指导原则，将会影响经济性、卫生和健康、自然资源、生物多样性、社会秩序、环境质量、医疗及移动成本。可持续发展单元的建立以及长期策略的实施，都是来源于这个指南。因此，这种越来越短的租赁期限就被认为是一个日渐显现的问题，任何形式的建造或者拆除都对环境有直接影响。

根据为了增强可持续发展而提出的长期策略规划，在2003年创立了可持续发展委员会，并在2005年颁布了《香港第一可持续发展策略》报告，支持之前提及的在城市空气流通方面的措施。这份报告一个优先考虑的问题是减少香港居民中持续增长的呼吸问题。《香港2030规划》确认了这些问题，目标是改善生活质量（城市景观、旧街区改建、降低城市温度、地方分权、公共交通强化），保护自然遗产，协调在建设过程中由政府当局下发的各个不同政策。密度的原则在保留土地和减少距离方面并未受到质疑，反而是它会与更加宽松的城市规划结合在一起，进一步优化微气候，提供更加宽敞的居住环境。

更多详情，请见：

香港规划署
http://www.pland.gov.hk

香港土地署
http://www.landsd.gov.hk

香港建筑署
http://www.bd.gov.hk

规划法令门户网站：OZP香港
http://www.ozp.tpb.gov.hk

城市重建署
http://www.ura.org.hk

香港可持续发展
http://www.susdev.gov.hk

新加坡

新加坡是位于马来西亚南边一个小岛上的城市国家，该国长期存在土地短缺和人口快速增长的问题，这使得其土地使用紧张且大部分领土范围内都是高密度的高层建筑。新加坡的规划调控展示了一种不同寻常和复杂的中心-郊区关系，近期着力于重新平衡住宅区密度和活动之间的关系，环境责任使得这种努力必须加快进行。

背景/环境

当英国在1819年将新加坡划为其殖民地时，新领土的规划控制非常宽松并且是不协调的。随后在经历了3年的混乱发展期后，城市认为有必要筹划一个针对城市发展的具体计划。1822年Jackson设计的规划是该城的第一个规划，它根据规则模式对土地进行划分，并区分不同的族群。根据这个规划，新加坡在接下来的一个世纪中依然维持其繁荣状态直到灾难性的第二次世界大战爆发，而日本在1941—1945年的占领使得城市发展被硬生生地终止了。为了应对住房短缺、贫民区清拆及重新安置的紧急问题，新加坡在占领结束后进行了大量的住房重建工作。这个规划最初由成立于1947年的住房管理委员会负责协调，从1960年之后由建屋发展局（HDB）负责，后者是新加坡人民行动党执政（1959年）之后设立的。这标志着新加坡城市规划的一个新方向。根据联合国在1963年确定的推荐标准，这个城市国家选择通过高速公路（促进商品运输）和公共交通网络（主要是新加坡地铁公司——MRT）与其卫星城市连通的大都市结构发展模式，其长期目标是根据岛屿的长度和宽度重新分布人口。

高层住宅塔楼快速发展，尽管建筑师、城市规划师、经济学家都对此持有相似的怀疑态度，即认为存在能使土地使用最大化的优于高层建筑的其他选择方案。更重要的是，认为这种住宅和商业用途在空间上过度分离，并没有对空间进行有效地利用。在1963—1975年，建屋发展局修建了超过23万座住房，这些住房沿着1971年《概念规划》中新划定的安置区的边缘地带分布。住房所有权是被设计用来增加"民族意识"的。这个规划的本质是一个跨度达到20年的人口计划以及对土地资源相应的配给和开发。

1965年从马来西亚联邦中脱离出来之后，新加坡被迫将其注意力转移到国际贸易，吸引工业和服务业到这个岛屿上来发展。结果就是发展重心从市中心转移到人口稀疏的城市组合郊区。因为优先选择了垂直发展方式，导致了郊区超大复合建筑的迅猛发展直到20世纪80年代末期才停止。这些项目最初是由HDB、裕廊市镇公司（位于裕廊和森巴旺工业区）和住房及城市发展公司主导的，其目的在于为低收入家庭提供住宅。上述后两家公司在1982年与HDB进行了合并，成为公共住房的唯一供应商。

市中心的改造是根据白板原则进行的。通过市区重建局（URA）的赞助，它得以在强烈的土地压力下对服务行业区进行专业化处理。URA建立于1974年，其独立于建屋发展局。这两个规划模板是分离的：一方面是小规模的社区规划，另一方面是超级街区。房地产投机和对土地容积率体系的强烈压榨是市中心区的特征。受到有利于私人公寓建筑的新定法律的鼓励，一些邻近住宅大楼被拆除，让位于大型开发项目。在1991年，《概念规划》在市区重建局（其已经在1989年成为国家规划主体机构）的主导和国家发展部的监督下进行了修订：基于一个将城市划分为5个大分区55个小区域的带有详细规划的开发划分方法（开发指导规划——DGP），新的规划提出将容积率原则覆盖整个岛屿。

7年之后，所有DGP规划都已经建立起来，意味着一个更加密集化的城市。每个区域大约有15万居民，又被划分成若干均带有购物中心的小区块。这些规划原则被纳入了1998年版的《总体规划》，后者针对这个土地使用的产权人和开发商。2001年版的《总体规划》旨在在随后的40年中提高新加坡作为世界城市的知名度。这项规划于2009年再次修订后，从2011年开始生效。这个规划推崇在现有开发区块（武吉美拉、勿洛）的住房密集化，修建超过30层楼的住宅塔楼，创造绿化空间，改善铁路运输，增强新加坡的建筑特性。

城市法规、职责及其确立者

今天，新加坡的城市规划依然是高度集权化的，由国家发展部进行管理，市区重建局协助管理。前者确保《规划法》能够正确地运用。这项法令是主要的立法工具，对于规划程序的环境做出了明确指示。市区重建局是《概念规划》和《法定总体规划》的创始人。前者并不是法定文件，仅仅从长远角度对规划和交通问题进行了概述。《法定总体规划》对《概念规划》的主题进行了详细的阐述。《概念规划》每隔10年修订一次；届时将组织公共审查，其结果将被纳入考量。《法定总体规划》详述了10~15年的城市规划，调整分区结构和容积率，确定每个地点的高度限制，以及划定受保护区域和自然保护区。它每隔5年修订一次，目前最后一个版本是从2008年开始生效的。《法定总体规划》的适当运用是通过市区重建局对建筑许可的严格控制来实现的。新加坡市政当局的一项职责是监管私营机构土地的规划和出售，这个工作是根据并预估住宅和商业的需要以及对历史遗产的保护（共计7000座建筑得到保护）。市区重建局与建筑及工程管理局一起确定了建筑和基建项目的标准（保护安全标准），并负责完善建筑设想。

分区/都市规划

土地的分配和管理从1991年开始就没有改变过。相关开发政策将容积率分配在地

▲ 地标建筑
● 建成项目
● 计划项目

图上,并决定相应的高度限制。这可以参见2008年版《法定总体规划》中的《建筑高度规划》,其描述了具有适当的特定高度控制的区域。这种控制的基准是计算每个地点的高度米数或者楼层数(例如在新滨海区允许50层楼高的建筑),并将规划指导方法包含进去(后移、空间、土地具体用途、建筑用途、建筑形式)。最后,如果土地所有者是国家的话,还要考虑租赁条件。某些特定区域不受高度限制,但被要求坚持主流的开发控制指导方法,例如公寓的层高类型学和住宅开发项目中的财产共有权。除了其他方面以外,分区地图划定了住宅区、有限商业活动的住宅区、混合区(如果没有得到特殊许可,商业活动不允许超过总楼层面积的40%)、商业区、酒店区(至少占总楼层面积的60%)、商务区(至少占总楼层面积的85%)以及公共设施区。

从2003年开始,分区体系又包含了一种新的类别,即同时包含了商业和工业活动,这种分区也考虑到了对城市环境的影响。这些新商业区根据其污染趋势被分为两类(B1是无污染区,B2是污染区),并据此确定对环境的影响。这种方法鼓励企业让一个建筑包含若干功能,进而不用改变分区就可以区分各种活动。如果一个分区中包含着不会产生污染的活动及有利于社区定位的生活方式,那根据新加坡规划规章会将其标注为"白色"。因此,这种新的规划渴望通过提倡功能的混合使用来提高已完工建筑分区的密集程度。所以,之前提到的20世纪70年代出现的对于密度和混合使用的批评和反提案被部分地整合在一起了,并运用了一种针对低、中、高密度住房的新概念。第一种定义是指5层及以下的建筑,第二种是指容积率在1.4~2.1而且高度限制在24层的建筑,第三种是指容积率超过2.1的建筑。

城市政策是想创造出微城市和自给自足的街区,并能让整个岛屿的人口分布变得更加和谐。根据分区规划,市中心的改造包括了将金融活动集中在一个被密集铁路网络(MRT车站必须步行进入)覆盖的全球商业中心以及修建新的相邻住房,特别是在南部的新海滨区。这个区域规划的平均容积率是6~7,这是为了通过借鉴中央公园风格公寓的新住宅类型的开发将居住人口从3%提高到7%。

都市天际线/都市风景

遗产保护是新加坡城市规划中的一个主要元素。观景走廊和视图锥表明了与纪念碑或者建筑战略点的关系,因此能从2000年起就对旧城中心的都市风景进行有效保护(见城市地标和入口规划图)。整个城市具有6个入口(能纵览城市的广阔景色)、25个地标点(战略地点、确定要修建宏伟建筑的地点)、17个焦点(受欢迎的公共场所)以及无数受保护的港口和公共绿地美景。从一种对比性的观点来看,特别有趣的是对于未来期望地标地点的描述展示了一种积极和美学的态度,而不仅仅只是保护的态度。市政府对这些项目进行了模拟研究,用于评估其对城市环境的影响。

塔楼设计

除了私人塔楼以外,还有其他许多类型的公益住房(HDB公寓),其规模和组

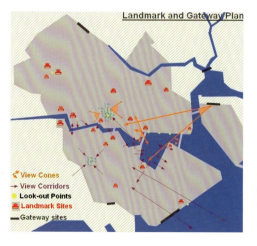

城市地标和入口规划图。在新加坡,受保护的景色是与划定的高层建筑特许区联系在一起的。

分是由没有太大变化（带有1~5间住房的公益或半公益住房）的概念标准决定的。在2004年，建筑和工程管理局与私人开发商一起提出了《高层住宅开发项目可信赖的解决方案》，这是为了解决钢筋混凝土地板和外表元素的预制问题，同时也是对这些摩天大楼的总体规划和概念指导。更重要的是，2010年版《法定总体规划》提出了对建筑结构（例如底面配置和人行天桥连接）和内部组织有影响的指导原则。如果高层建筑的位置能够提供城市的全景，URA或许会强迫开发商修建一个公共观景平台。另外，由URA发起的"建筑及都市卓越设计"计划对于如何提高工程质量进行了广泛研究。

建筑范例/消防安全

建筑控制可以确保修建工作能遵守安全、便利设施和公共政策的标准，这些标准都是在《建筑控制法》和《建筑控制规章》中有明确要求的。新加坡寻求通过《建筑围护结构热性能法规》将空调控制建筑的能效最小化。为了限制室外环境向住宅或者商业大楼的热传递，这个法规要求建筑师和工程师必须满足《建筑规章》中的围护结构热性能（ETP）标准。ETP值是根据美国供暖、制冷与空调工程师学会（ASHRAE）确定的总热传递值进而计算出的建筑墙壁热传递的平均值。

《建筑防火事项实施规程》明确了高层建筑的消防安全，这里的高层建筑是指高度超过60米的建筑。

生态学

新加坡城市发展的环境问题在20世纪60年代末期出现，那时迅猛的工业化进程却伴随着创造一个绿色城市的普遍意愿。土地资源分配和污染控制既支持这种意愿也鼓励经济活动。1989年由建筑及工程管理局批准并建立了工程质量评估体系（CONQUAS），这个体系负责从构想的第一阶段就开始评估建筑的生态表现（建筑材料、能源消耗）。但是这种评估只是一种工具，而不是法律义务。环境部提出的《新加坡绿色规划1992》是将可持续发展和城市进化管理努力结合起来的第一步。这个随后被更名为环境和水资源部（MEWR）的部门在1999年决定修改这个规划，并于2002年颁布了现行的《新加坡绿色规划2012》（SGP2012），为了优化效果而定期更新。它的运用是受到一个协调委员会和6个特定专家委员会监管的。《绿色规划》的目标涵盖了空气质量[通过空气污染指数（PSI）来控制污染并降低城市温度]、水资源管理（供应和消耗）、创造绿化空间、减少和回收废弃物以及卫生和健康问题（见上部绿色外表图）。在2005年，建筑及工程管理局根据国际标准设定了BCA绿色建筑标志认证体系，这对开发商、业主和政府部门是必须求的。这种认证的4个级别中的一个是根据5个特定标准而设定的：能源消耗、水消耗、环境保护、室内环境质量和生态创新。2008年，最新创立的"可持续发展部际委员会"是为了确保环境目标能够按照《可持续新加坡蓝图》贯彻到2030年，《可持续新加坡蓝图》后者现部分运用于正在进行的新加坡海滨区动态城市发展中。

绿色外表。建筑的绿色外表强调了新加坡的环境问题。

更多详情，请见：

新加坡市区重建局/2008年版总体规划
http://www.ura.gov.sg

新加坡建筑及工程局
http://www.bca.gov.sg

MEWR/新加坡绿色规划2012
http://www.mewr.gov.sg

第 3 部分

高层建筑及其可持续性

高层建筑及其可持续性

城市塔楼对于自然环境影响的高等级评估通常会表明低土地使用程度和可能的高密度是主要优势，高能源使用则是主要的劣势。密度和能源使用的概念是相对的，应该通过高层建筑与其中层、低层建筑的替换方案的对比才能检验出来。当然在更加仔细的审视下，塔楼对于环境有另外的正面和负面影响；但这些影响的数量和它们自己的互动是一个非常复杂的课题。因此，本章的目的是聚集这些关键因素，争取大致地介绍这个复杂参数网络，这些参数将会影响一座塔楼如何与其都市环境互动以及一座塔楼最终如何会被视为具有可持续性。

Gordon Bunshaft（Skidmore、Owings & Merrill公司）于1974年设计的索罗大厦，位于美国纽约。这种凹型垂直表面的建筑姿态加强了这座塔楼高耸入云的印象。

Tom Wright（Atkins）于1999年设计的迪拜塔酒店，位于阿联酋迪拜。一座独立的塔楼修建在岛屿上——这是城市结合的一个极端案例。

城市嵌入分析：首要问题

当正视一个特殊的塔楼项目及其城市含义远超过土地和能源使用时，技术和自然环境的主要问题必须被提及，这包含了使用、运输、工程挑战和技术。这些许多问题都在内部涉及塔楼本身，在外部涉及周边环境和城市背景。例如，能源使用可以受到各种因素的影响，仅列举几例：外表技术、生产能源的当地方法、国际租赁市场预期、当地工程及维护实践、周边建筑形成的阴影。这种产生的复杂互动使得每座塔楼成为一个独一无二的项目，能在各种因素之间获取特定的平衡。即使在一个塔楼项目开始成型之前，它的形成机理通常会早于这些项目相关因素与发生作用的其他力量（通常是社会经济性、政策和审美性）之间的互动，这些力量会贯穿项目的整个生命周期。下面的讨论将概括出一些与塔楼开发项目联系在一起的主要的技术和环境考虑。

密度问题

密度的概念是与城市嵌入问题紧密联系在一起的，尤其是在塔楼对其周边环境的影响方面。周边环境会如何影响塔楼的对应问题也是非常令人感兴趣的。

这里涉及的流行概念是一座塔楼如何嵌入现有城市环境中，与这相对照的话题是低层建筑又是如何嵌入同一块土地的。当然，这里所谓的土地是指已经存在城市中的场地，以及由城市规划单独负责的塔楼项目的新开发项目。在所有情况下，一座塔楼的成功嵌入部分依赖于其居住者在塔楼底层找到基础便利设施的能力。看起来将一座塔楼放置在致密的城市格局中可以很自然地自动解决这个问题。但实际上挑战依然存在，即使在致密城市故居中的塔楼也是如此：当地的相邻建筑可能已经饱和了，不能再应付这座塔楼突然带来的人潮。

相反地，塔楼可以放置在开发区中，这样可以使其相对独立，并与城市格局分离开。即使在现有城市的核心区也是可能发生的，当塔楼周边存在一个不相称的广场时就可能导致其独立性并且人们还不易进入。

从长期来看，密度问题很明显是非常重要的，因此一个项目要被认为是成功的，其核心就在于其嵌入城市布局的策略。

道路问题

正确地解决进入塔楼的道路问题从来不是一个简单课题，特别是考虑到会有各种各样的人群和货物进入塔楼。用户和游客使用的"大楼正面"入口和所有相关后勤人员使用的"大楼背面"入口的相对位

曼哈顿市中心,美国纽约,2010年。展示了不同高度、不同时期的塔楼的成功融合。

高层建筑及其可持续性

右　图：Phillppe Chiambaretta/PCA建筑公司于2008年为法国郊区拉德芳斯的Tour PB 22所做的竞标方案。由Phillppe Chiambaretta/PCA建筑公司设计的PB 22双塔建筑方案是针对"Tour Signal"的项目竞标，其目的在于改善拉德芳斯商业圈和邻近建筑之间的连通性，在拥堵的高速公路和当地道路之上提供通道。

右下图：Cesar Pelli和Adamson合伙人公司、Winter Garden于1988年联合设计的世界金融中心，位于美国纽约。封闭的中庭空间是整个复式建筑的关联，而走廊通向零售区域，自动扶梯通向每个塔楼的专用通道。

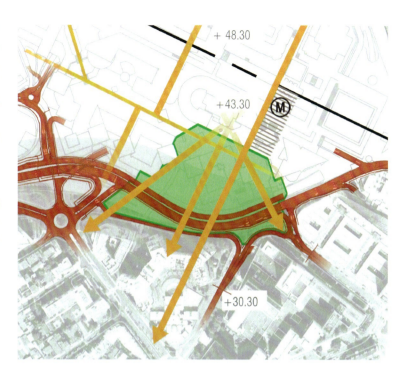

置之间存在一个典型问题。地平面的改变会为人流循环带来新的挑战。修建能横跨周边道路的便捷的人行通道是另外一个基础连接问题。

　　确保进入塔楼的有效道路的最佳方式通常是提供大量的空间来容纳人流高峰，不论是在塔楼自身的基座还是在其紧邻场所。另外一个有效的方法是建立有利于塔楼基座朝向的有序空间，以保证前台、电梯组和街道出口的清晰视野。多层次的解决方法也经常使用，包括采用巨大的楼梯和自动扶梯来分开人流以及提供不同阶段的控制。对于集群塔楼或者双塔式高楼来说，通常需要巨大的公共空间，在形式上来说就是中庭。这种空间能够作为过渡房间和适应室，例如巴黎附近的Coeur Défense以及纽约的世界金融中心。

　　道路会对城市形象产生重大影响，对于处于房地产竞争之中的塔楼设计来说，入口是一个重要部分。良好的道路还能保证塔楼的日常运行，所有塔楼功能都能各尽其用。

交通问题

　　为了在其使用者以及更广阔的城市背景中获得认可，一座塔楼与公共交通和道路网络的连通性必须是完美的。修建在火

城市高层建筑经典案例　　244

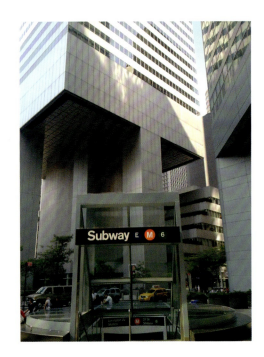

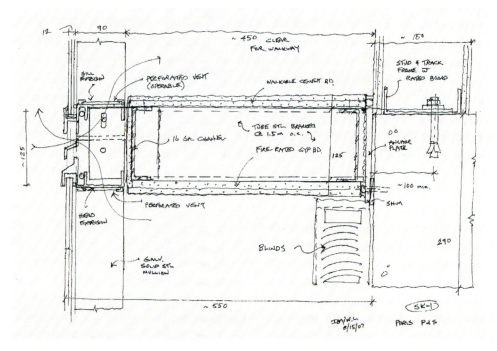

左上图：Edward Larrabee Barnes于1988年设计的形如花旗集团中心大楼倾斜屋顶的地铁入口，位于美国纽约。这个地铁入口是作为Edward Larrabee Barnes为莱克星顿大道599号的高层建筑开发设计的一部分而增添的。

右上图：Hugh Stubbins Jr于1977年设计的带有地铁入口的花旗集团中心大楼下沉广场，位于美国纽约。花旗集团中心大楼（最初为花旗银行中心大楼）包含了与一个纽约最繁忙的位于53号大街和莱克星顿大街交接处的地铁站，可以通过塔楼底部的下沉广场与其连接。

Pelli Clarke Pelli于2008年为法国巴黎塞夫勒桥塔项目所做的竞标设计中的双层通风表面的细节图。双层通风表面属于目前在节能高层建筑项目中应用的越来越多的"智能表面"中的一种。

车站之上的高层建筑结构的典型实例，是对塔楼、公共交通和车流强度不大的城市之间关系的清晰例证。在诸如纽约市这种地方，开发商将地铁站现代化并扩大是大型塔楼开发项目中的常见部分。位于莱克星顿大街和53号大街的花旗集团中心大楼就是一个明显的例子。

能源问题

毫无疑问，与相对低的建筑相比，塔楼每平方米会消耗更多的能源。这是因为增加的体积、电梯和电泵马达的使用，并且是由于缺乏周边建筑的遮蔽而增加了自然元素的曝光程度。

利用塔楼的特殊性质（例如能够与日光和风力良好接触），详细制定了相关策略来尝试减少能源过耗问题。甚至现在电梯也能生成一定量的电力供自己消耗。但是看起来高层建筑仍然会继续比低层建筑消耗更多的能源，这是因为要将人和水举升到相当高度的是很难处理的要求。这种明显的劣势会因为城市居民和城市工作者对住房持续增加的需求而得到平衡，因为这种需求在某种程度上会使土地使用和地面运输最小化。所以相对于塔楼更加紧凑并且对个人交通依赖不强的城市，这种低层建筑遍布大部分土地并且又要求许多个人交通方式的城市的宏观状况必须得到平衡。

大洛杉矶区域和曼哈顿区这两个极端都市案例之间的对比能够很好地说明这个问题。根据2000年美国人口普查数据，曼哈顿的人口密度大约是每平方英里67000人（每平方千米26000人），而同时大洛杉矶区的人口密度大约是每平方英里7000人（每平方千米2700人）——几乎减少了9成。美国能源部2008年宣称纽约州的人均能耗是20500万BTU（英国热量单位），这几乎是全美最低的，部分原因是其大规模运用了传质体系。同时还宣布加尼福利亚州的人均能耗是22900万BTU，这也相当低，部分原因是其温和的天气减少了对加热和制冷的能源需求。虽然是选择国家数据而不是城市数据进行对比，同时汽车交通也被包含在消耗中，但所有可用数据都能表明纽约州更具有能源效率。尽管气候条件更加严苛，纽约的消耗仍低于加尼福利亚，这是因为公共交通和更小公寓带来的有力的正面影响。

最上图：美国洛杉矶城市道路蔓延的现象。这属于低层建筑郊区延展的清晰示例，结果是带来了道路的连接要求。

上图：美国曼哈顿夜景。通过每个点亮的灯光，属于垂直城市的纽约以一种非常鲜活的方式展示了其高密集度。

	LEED™	BREEAM	HQE
创立时间	1998	1990	2000
表示法	积分	权重	倍数
边界适应性	不是通过设计，通过过程	是，定制的国际方案	不是通过设计
中心国家	是，美国	是，英国	是，法国
高层敏感性	否	否	否
能量计算	美元	二氧化碳	加权的千瓦小时
能量使用标准	ASHRAE	CIBSE	ASHRAE的变化版本
混合使用敏感性	否	是	否
等级水平	4	5	3
等级持续时间	2年	没有时间限制	没有时间限制
保证操作的数量（自2008年起）	约2000	约100 000	约500

LEED™（美国）、BREEAM（英国）和HQE（法国）可持续认证体系对比表。基于同一个目的，这些体系依赖不同的注释方法，发布的不同等级目前是无法进行对比的。

环境体系和塔楼

有许多体系尝试将建筑中的可持续性进行标准化或者为其提供一个框架。目前知名体系有诞生于美国的LEED™（绿色能源与环境设计先锋奖）和诞生于英国的BREEAM（建筑研究所环境评估法）。其他的国家也建立了他们自己的体系，例如法国的HQE（高环境质量认证）、瑞士的MINERGIE®、澳大利亚的"绿色之星"。所有这些体系或者标准都是倾向于根据不同的标准对建筑进行分级，这些标准包括从嵌入现有城市格局的策略到能源消耗，从室内空间质量到体系的可维护性，从二氧化碳排放量到当地资源的使用。作为认证体系，大部分都明确满足标准的最低要求，而这些都是可持续结构基本原则所坚持的。例如，大多数体系都将双层玻璃作为认证的先决条件。

将一些体系进行集中是积极追求的，例如英国的BREEAM和法国的HQE体系之间就是如此。两个体系的方法上存在路线差异，但它们主要采用矩阵记号，而不是针对能确保低能耗建筑的明智设计的潜在目标，这种建筑能够很好地嵌入其周边环境中。正在进行的许多讨论是关于哪种认证体系更具指导性、哪种体系趋向于规定环境目标而不是优选方案。考虑到这些体系的快速更新，不太可能指出适合通用塔楼设计使用的优选体系。使用项目所在国家可用的认证体系看起来可以提高建筑质量，因为大部分认证体系最初是与建筑的当地方式联系在一起的，包括计算能源使用量以及在当地水平带来的环境改善程度。

但是相比于低层建筑，目前没有一个体系将塔楼的特殊性质纳入考量范围。比如，这些体系都忽略了电梯的能源消耗（以法国的RT热工制度方法为例，它的计算模型与HQE体系一致）。这是可以理解的，因为环境体系用于描述建筑的最大数量，设置的最低建筑质量标准（通常被塔楼超过）具有一定的客观性，这是由许多与高度建筑联系在一起的技术限制造成的。结构标准的快速发展是不断激增的环境要求的结果，塔楼很快会失去它们实际上的优势，在未来的环境规章中需要得到特殊的认可。

最新的调控发展现在开始描述高层建筑结构和使用的独特性质，最典型的是建立一系列适合塔楼使用的专用参数。比如，能源消耗标准会为塔楼划定一个每年能源消耗的门槛，下限高于低层建筑的限制。这个方法目前正在法国的有关规章中进行讨论，那里的低层建筑基本被限制在每年每平方米50千瓦时，而高层建筑的限制或许会被放宽到每年每平方米100千瓦时。这种导向引发了对一些现实问题的争辩，塔楼特定规章的缺失使得产生了不够理性、更加主观性的判断。能看到环境体系开始认可高层建筑结构的特殊性质是非常令人鼓舞的，其实这已经融入其他学科的宽泛组合中，这些组合包括从生命安全到构造，从电梯到建筑。

同时，这些认证体系的多样性以及它们快速的改变、不同的分级在目前造成了一些混淆，有时甚至会为整个环境认证体系蒙上一层阴影。一旦环境意识从时尚进化成主流，这种有些困惑的情形会变得成熟且稳定，带来非常需要的一贯性、清晰度和经验确认的反馈。不过LEED™认为一个等级必须是暂时的理念是非常有趣的，基于这种理念它承认随着时间带来的潜在降级。就像汽车通过定期检修才证明是适于行驶的，建筑也必须进行定期检修来维持其等级水平。

较低建筑与非常低建筑的对比

关于塔楼对环境影响的分析不应该在真空中进行。正如早期所述，我们选择使用与低层建筑相似的形式作为参照标准。这种对比性方法为高层建筑设计和建造中值得欣赏的特定方面提供了透视图，并且可以评估这些方面是低层建筑的一种正常进化还是展示了与传统形式明显的相悖。

所以，高层建筑和低层建筑之间的关键差别到底是什么呢？

结 构

当然，高度是主要差别，但更重要的是结构设计中高度产生的结果。高层建筑设计必须考虑横向风力载荷，结果就是抗风支撑成为结构设计中的核心问题。当塔楼的长细比增加时——塔楼高度与长度或者宽度的相对值增加时，这一问题得到进一步妥协。超级高层建筑设计将长细比推升到更高的程度，所以尽管塔楼的尺寸和体积庞大，但仍然获得了"纤细"的外观。塔楼结构设计的一个方法包含了将建筑外表按照承重用途使用，并且始终保证透明度和日光穿透。表面晶格网格处理提供了一个有趣并且日益受到欢迎的解决方法。

塔楼看起来在风力的影响下会缓慢地"摇摆"，因此需要特别的方法来避免在建筑顶部聚集的潜在不适，例如增加结构刚度或者使用调谐阻尼器来抵消摇摆。当建筑顶部是被用于住宅用途时，这种考虑格外重要；因为相比于办公区域，可接受的容忍程度更低。

除了横向风的结构影响，当然还有垂直重力的影响，这就倾向于增厚塔楼底部的结构元素并影响基座设计。这在全世界高层建筑中并不罕见，其负载基本都已经达到了上千吨。一些地面条件为高层建筑修建增加了不少的便利，例如曼哈顿的花岗岩底土；但同时另外一些条件却带来了更复杂的条件，例如墨西哥的泥质底土就要受到强烈地震的影响。

Tange Associates于2008年设计的Mode学园虫茧大厦，位于日本东京。建筑表面的晶格在建筑的侧向稳定性中起了重要的作用，它减少了对于巨大核心的需要，提高了楼层面板的有效率。

Zeidler合伙人公司于2003年设计的市长大楼桁架之间的调谐连接，位于墨西哥的墨西哥城。这种获得专利的阻尼器能够使建筑抵挡住里氏8.5级的地震。

通过独创和精心设计的正确结合和执行，现在塔楼可以修建来抵抗最复杂的风力、土地和条件地震，而这在最近的开发项目中是存在的。墨西哥的市长大楼不可能在二三十年前修建，因为那个时候能够吸收地震带来的垂直和横向应力能量的特殊发明是不可能想象得到的。

在高层建筑和低层建筑之间在结构复杂性方面存在主要区别，这对修建的场所、成本和时间有实质和直接的影响。简而言之，这种结构的复杂性发展速度远超过塔楼高度的增加速度。在建筑超过一定高度之后，重量、刚度、抗火性、先进材料的使用、成本及时间之间的正确平衡更加容易被打破。现在在高层建筑研究与开发的末期，"常见"的80层楼、300米高的塔楼和以迪拜的高度超过800米的哈利法塔为代表的超级高楼之间越来越多的区别，能够很好地阐述相对高层建筑概念的具体含义。

除了纯粹的技术考虑，在塔楼结构设计及其与城市连接之间还存在着直接的审美关系。技术要求支持塔楼基座中采用厚重甚至多少被禁止的结构，但城市要求的审美关系则需要透明和无序列的空间。因此现在的挑战在于在塔楼基座中创造出一系列的有序空间，提供不受结构障碍限制的进入通道。这个挑战引发了各种各样的建筑和结构回应，从在塔楼基座周边建造墩座和前庭到在建筑底部修建结构自由的空间之上修建更加动态的结构。大胆的悬臂结构产生出有趣的公共空间，相关例子在纽约市中心这些地方可以见到，这里有若干标志性的建筑物：Hugh Stubbins Jr设计的花旗集团中心大楼、Edaward Larrabee Barnes设计的位于第57大街和麦迪逊大道的IBM大楼以及最近由Morphosis设计的库珀联合学院大楼。塔楼基座带前庭的例子也很多，例如Cesar Pelli设计的位于纽约世界金融中心的冬景花园、Jean-Paul Viguier设计的位于巴黎郊区的会议中心（见第250页）。

电梯

高层建筑和低层建筑之间的关键差别在于电梯的使用。电梯于20世纪初期发明，它激发了建筑高度的增加。可靠的电梯是为什么建筑通用结构能够超过6或7层

下一页：Skidomore、Owings & Merrill公司于2010年设计的哈利法塔，位于阿联酋迪拜。828米的哈利法塔高度是目前最高的人造建筑，需要一定时间才会被超越。

楼高的主要原因，这个高度是在诸如伦敦、巴黎或者威尼斯等历史名城中通常采用和常见的。

对高层建筑来说，电梯承担了一种新的维度，因为它们已经成为大楼中不可或缺的部分。电梯不断增长的高度化，既是塔楼高度增加的结果也是其原因。垂直运输成为超级高楼设计中的基础目标，设计了若干方法来使大楼最底部的电梯舱数量最小化，同时努力优化舱内空间和成本。电梯全部从建筑大厅中举升的传统概念仍被运用在40或50层楼高的建筑上，现在又增加了电子目标管理技术以提高电梯性能，这种技术优于将电梯明确分配至大楼特定区间的传统方法。

除了传统的管风琴式电梯建筑，将乘客直接送入上部更高大厅的快速电梯概念现在也是更高建筑设计的一种通用方法，这种方法能在高峰时期有效地吸收塔楼底部的人流量。这导致了在单一超高塔楼中空中大厅数量的倍增，也让区间电梯能更容易地进行分区，电梯可以从各个空中大厅开始使用叠加传动轴。因为有了空中大厅的概念，超高塔楼被认为是常规塔楼的叠加，这是一种超过电梯技术之外的各种技术体系交织在一起的常见概念。

空中大厅穿梭电梯的概念是对众所周知的以特快列车和区间车为代表的水平运输方法进行了一种垂直运输世界的置换，前者通常与地铁网络一同在纽约或巴黎等城市中使用。从概念到现实只是一小步，因为可以强有力地融入水平和垂直交通体系，这会使得空中大厅变成城市广场，而穿梭电梯会成为水平公共交通体系的自然延伸。交通衔接已经成为传统塔楼一个非常重要的成功因素，当塔楼基座被带有休息区、咖啡馆、报刊亭甚至更加宽大和多样的医院及零售商店的小型城市广场所占用时尤为如此。

Jean-Paul Viguier于2001年设计的会议中心，位于巴黎郊区的拉德芳斯。一个与所有建筑相连的宽敞前庭成为这个复合建筑的入口。

值得注意的是混合用途塔楼趋向于在电梯设计中不断增加其复杂性，因为在使用者之间区分电梯是一种自然愿望，但同时又有一种控制空间规模的相反愿望。再一次，空中大厅方案经常被认为是为每个用户提供单独入口的解决方案。这些混合用途电梯方案对于低层建筑设计来说并新鲜；但是，人流的规模和使用的数量在放大其复杂性的高层建筑中必须进行处理，达到新的方法和创新方案必须得到正视的程度。

很明显，电梯是一个更加广泛问题的技术解决方案：塔楼与其城市环境的基础连接问题。例如通往大楼及其内部大厅、与外部街道水平和公共交通系统的连接、穿过电梯中心向楼层或空中大厅运动的流动性等关键方面，都形成了这个垂直循环问题不可分割的部分。最后，通过塔楼主要公共空间的舒适和有效的循环能够显著地增加人们对于这座建筑物成功、整体形象和接受程度的认可。上部楼层多少有点

高层建筑及其可持续性

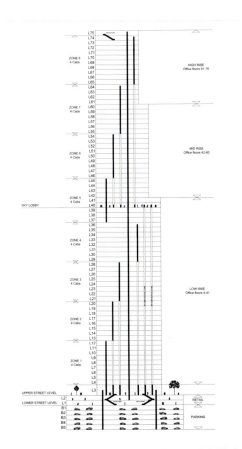

上图：高层建筑电梯升降示意图。对电梯来说，一座75层楼高的塔楼可以被认为是两座较低高度塔楼的叠加，空中大厅形成了分区。

左图：Skidmore、Owings & Merrill于2003年设计的哥伦比亚中心大楼带零售商店的基座，位于美国纽约。这座带有若干街道地址和入口的建筑成为一种非常成功的混合用途结构，它带有零售商店、公寓、办公室、酒店和音乐厅。

重复的特性加强了对大厅及相关空中大厅独特性的需求，并且强调在穿过这些空间时应得到一种难忘的体验。

电梯也是高层建筑能源消耗方面的一个重要部分。基于塔楼高度、电梯桥厢的数量、建筑使用用途、塔楼中人口密度、交通状况和选用的技术，电梯的数量变化非常大。但是我们可以评估平均的电梯能源消耗是每年每平方米10~20千瓦小时，这一数据与电灯消耗的水准持平甚至略低。针对低层建筑总体电力消耗的最新能源策略也是处于类似的水准，这可以让我们更加清楚地认识这些数据。带有现代HVAC（加热、通风和空调）体系的典型办公塔楼的电力消耗在下页的图表中进行了说明。应该注意到用户使用个人电脑、复印机等电子设备的消耗并没有包含在其中，这部分消耗甚至在制冷条件下也可以很容易地降低。

气候问题

正如这个敏感方面之前叙述的，应该明确我们并不是尝试在每种气候条件下比较高层建筑和低层建筑，而是比较高层建筑和低层建筑是如何分别与气候的影响产生反应的。

建筑历史解释了气候和建筑形式之间的联系。对低层建筑来说，这种联系在每种气候中都是不变的。巴黎和伦敦采用的大型开放式窗户显露出相对低强度日光和温和气候的迹象，而嵌入大体积墙体中的小型地中海窗户则表达了对于寻求遮蔽热度和阳光的需求。大部分是源于本国的建筑形式但采用了最新的建筑技术的生物气候建筑，在最近的塔楼设计中得到越来越多的提倡。

将遮阳设施和能源回收策略整合成一个整体的复合表面在设计核心思想中占

高层办公建筑电力消耗示例。这个图标说明了能源被用于何处；但是这并没有包括办公室使用者的个人电脑，而使用者个人就可以很容易地降低能源消耗。

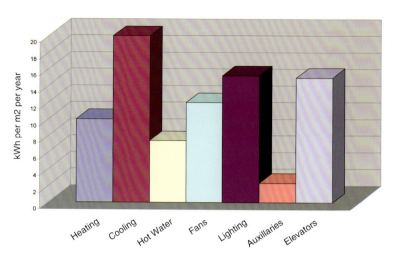

据了相当重要的地位。但是，考虑到其尺寸、重量和缺乏遮蔽等性质阻碍了这种生物气候方法在低层建筑中的全面推广，例如从邻近建筑或者树木或者轻质建筑中得到遮蔽。为了中和这种情形，采用了迅速发展的新技术，特别是使用"智能"表面。这些表面在极端气候下可以处于密闭状态，而在温和气候下多少可以通风甚至完全打开。

为了防止在抵消气候影响方面科技的过度使用，首先就必须回顾塔楼和气候的关系。高层建筑非常易于暴露在阳光和风中。基于这点，有理由相信最适宜塔楼修建的气候应该是温和或寒冷的气候。如果塔楼能作为一个大型太阳能吸收器进行有效工作，那它就可以从中获益。因此它就可以在温和温暖的月份中采用相对简单的孔洞或者可操作表面。更加"智能"的表面可以在对太阳辐射或者温度损失的打开程度上产生许多变化，确保对免费太阳能的优化利用以及将夜间加热需要降到最低。

同时也有理由相信在温暖或者炎热气候中修建高层建筑是非常不节能的：塔楼实际成为一个永久的太阳能吸收器，因此每年有庞大的制冷需要，在夜间仅有少量减少甚至完全不减少。从逻辑上来说，设计的下一阶段是用太阳能电池覆盖部分大楼，从而最大限度地使用它们不同寻常的暴露在阳光下的大型表面。实际上这已经在一些先进建筑中使用了，当光电池价格下降和能源价格增加时这更是司空见惯的做法。

高层建筑面临的气候问题并不仅限于太阳，风力同样是一个重要因素。有许多

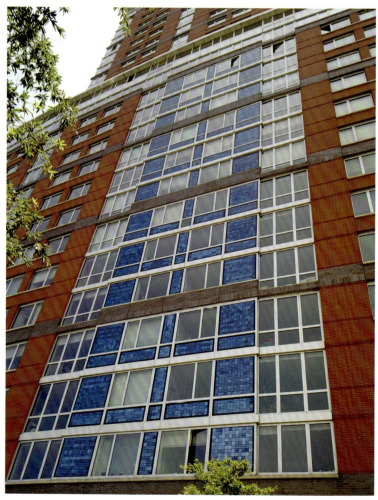

Pelli Clarke Pelli于2003年设计的阳光华厦，位于美国纽约的炮台公园城。覆盖整个大楼宽度的整体光伏阵列板外表可以生成大楼用电需求高峰时5%的电力。

处于温和气候条件下的塔楼被设计利用了盛行风。这种概念主旨是利用风能来提供自然通风并冷却塔楼。再一次，这需要技艺高超的外观设计才能获得预期效果而不会让使用空间遭受疾风侵袭。

气候因素从未在高层建筑设计指导中占据过如此重要的地位，至少这是最近几年才出现的。但是因为与本国建筑的历史关系，大部分低层建筑都是与气候条件相对应的，而高层建筑早期历史则是将其作为一种技术实力进行展示的。这种情况随着环境责任影响力的提高而改变了。气候问题是一个罕见的例子，高层建筑和低层建筑设计趋向于逐渐缩小两者之间的差异。

能量问题

塔楼中的能量问题是大部分涉及塔楼与其环境相融的争论中的核心问题。除了日常运转中消耗的能源之外，另外必须考虑的是使用材料的蕴藏能量以及在修建过程中消耗的能量。

日常运转中消耗的能量

检查用于塔楼运转能源的首要方面应该是采用的是否是以良好方式利用气候并能保护建筑内部空间不受所处地区气候负面影响的被动式策略，这需要从建筑学或者能量元素方面进行考虑。

被动式策略通常是从建筑围栏开始建立的。我们已经注意到高层建筑表面设计的重要性，特别其是与气候和日光考虑联系在一起时。当然，表面设计对于低层建筑也是同样重要的。但是考虑到将建筑表面作为节能工具的重要性时，这在两种建筑类型之间存在显著的区别。低层建筑与风力和日光的接触显然更受限制，特别是在密集城市格局中。另外，低层建筑还必须特别注意天花板的特性。相比于塔楼，低层建筑的天花板面积远大于建筑外表面

Hugh Stubbins Jr于1977年设计的夕阳照射下的花旗集团中心大楼，位于美国纽约。这座地标建筑南面倾斜的屋顶一度被认为是太阳能吸收板。这个表面在未来轻易地扮演这个角色。

积。相反地，外表暴露是高层建筑的基本原理。这表明当太阳维持在低水平时，塔楼在太阳能吸收方面具有非常大的潜力。同时还表明当处于太阳在正午时非常高的热带纬度时，在东西方向拉长的塔楼会免遭太阳的暴晒，因为北向和南向的较长建筑外表面不会遭受太多的直接太阳辐射。

我们已经简略地提及了依赖风力的被动式策略，只要在带有可操作开口的"智能表面"方面进行足够投资，就能够管理高层建筑水平的巨大风压。所以根据节能的被动式策略，相比于低层建筑，高层建筑在这方面具有很大的潜能并更加有利。

建筑可以在其围护结构后部容纳主动系统，高层建筑在这些区域比低层建筑更具优势。当检验日常运转消耗的能量时，高层建筑消耗得更多，这是因为电梯和电泵有更多的功率要求。除了电梯能量问题以外，另外一个原因是高层建筑楼梯间长

明灯激增的能源消耗几乎从未得到缓解，前提是得到相关规章的允许。另外，低层建筑难得有机会以利用日光的方式来确定楼梯位置。

日常能量：混合用途高层建筑

但是，有一种特别类型的高层建筑是可以通过大面积能量再利用从而将能量消耗最小化的：混合用途高层建筑。

混合用途高层建筑在一座建筑中包含了许多不同的规模合适的功能。诸如办公区域、会议中心和商业区等建筑部分几乎都是在白天运行，而其他部分则用于住宅或者酒店等方面，并且主要运营时间都是在通常的商业时间之外的。这种情况导致对共享设施的有效使用，例如停车场、电梯、大厅等一类的东西。同时还保证以非常有效的方式执行热量回收策略。

住宅大楼一般都要求热水的全年供热，而办公大楼通常则是要求全年制冷。对于制热和制冷的同时要求意味着能量回收装置的使用必须进行优化。除了全年共享效应之外，还可能发生每日共享行为：混合用途塔楼可以"循环"通过热泵在白天使用排出的热能（太阳能、居住者、电脑和电灯），这是为了满足对热水以及住宅区域夜间制热的需要。本页中图表说明了这种情形是如何减少塔楼大量能源足迹的。

如果混合用途塔楼带有废物处理系统，那就有可能更大程度地减少塔楼的能源足迹。通过热电联产或者三联产发电（电力、制热和制冷）处理的废物，可以产生一定的能量供塔楼使用。就地处理废物同样也能减少废物的运输，这能进一步肯定建筑的环境考虑。

混合用途考虑导致的对能量使用的优化并不局限于高层建筑项目：例如，带有商业中心、酒店和住房的低层混合用途项目同样可以从类似的能量回收策略中获

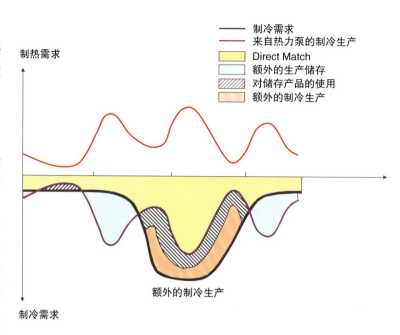

益。所以混合用途项目的特定实例并没有为高层建筑带来超过低层建筑的优势。

总而言之，按照上文阐述的方法对日常能量消耗进行检验时，低层建筑获得了优于高层建筑的结果。

蕴藏能量

涉及蕴藏能量的概念时，泵送混凝土、利用起重机或者吊车将人和货物举升以修建大楼过程中流通的实际能量趋向于造成能量消耗和人力资源运用，这种情形在高层建筑修建中会更加明显。另外，高层建筑需要采用高阻抗混凝土修建，表面嵌板必须能经受疾风的侵袭，而低层建筑则可以选择更加轻质的材料。所以总的来说，采用能量消耗和蕴藏能量的唯一标准进行检验时，看起来高层建筑并没有获得最好的评价。

土地利用

在土地利用问题上是明显有利于高层建筑的。事实上这也是高层建筑存在的主要原因。考虑到在当地交通上的昂贵投资

通过热泵和蓄热造成的制冷产品故障。将制热和制冷需要匹配——过度制冷可以用冰块的形式存储而后再释放，因为将能源浪费最小化。

Skidmore、Owings & Merrlli于2008年设计的哈利法塔的修建场景,哈利法塔位于阿联酋迪拜。修建过程中已经在外壳材料和建筑工人上面耗费了大量的能量。

和已经建成的城市基础设施,让人们集中于高度不断增加的建筑中是行之有效的,如此以来可以减少对未来乘公交上下班的需要以及在远程运输上耗费的时间和金钱。这种减少的土地利用是一种积极的环境特征,因为它可以减少城市扩展、昂贵的通勤和车辆运营,并充分利用长期的城市基础设施。

随着人口的增加、森林保护区的减少,获得可供人类使用的土地已经快速成为一个问题,这在树木保护、粮食生产和房地产开发之间产生了激烈的竞争。从长远来看,很有必要保护适宜农业或者重新造林的未开发土地,随之而来的结果就是更加密集和更高的城市开发项目。在这方面,高层建筑就不仅仅只是一种选择。

结构方面的建筑规范规定

以下段落特别解释了规定建筑如何修建的相关技术和人身安全施工规范问题,这是与规定了什么高度、什么规模、什么地点的建筑能够在城市环境中修建的城市法规相反的。

因为高层建筑在技术和人身安全方面的特殊性质,有关规定与低层建筑的规定有相当大的区别,有点相互脱离的感觉。

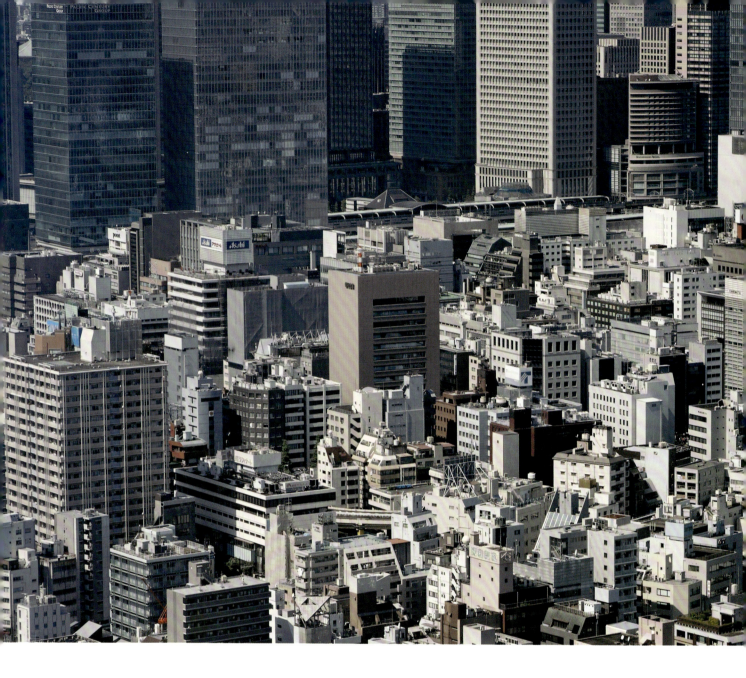

现在仍然有许多已经在低层建筑规定方面建立了成熟体系的国家却没有相关的高层建筑规定，主要是因为缺乏这种需要。这些国家通常都是采取其他国家成熟的规定来制定自己的规定，例如美国、英国或者其他考虑高层建筑修建的国家。相比于低层建筑来说，高层建筑施工规范通常更加复杂和严苛。这种情况的根源在于其历史展望和防火规范的影响。因为防火楼梯、耐火性和消防员干预的能力等原因，消防部门将高层建筑视为非常特殊的个体。

关于防火楼梯，低层建筑可以在火灾发生时进行全员疏散，而高层建筑必须进行分阶段疏散程序，这就意味着只有处于火灾发生地的楼层才可以首先疏散。这就可以理解如何确保楼梯不会突然拥堵。但是这种分阶段疏散方法要求增强建筑物的耐火性以及尚未被疏散楼层的继续使用能力。

在耐火性方面，低层建筑通常的设计基础是楼层之间的耐火性达一小时，而高层建筑则要求更加严厉的耐火期以及更加复杂的要求以防止连接结构被破坏。同时对高层建筑还有许多其他要求，例如喷淋装置、排烟装置和楼梯加压装置等，这些通常在低层建筑中是不会存在的。

东京的低层和高层建筑，日本。当传统的低层社区不能处理人口的增长问题时，高层社区便开始发展，就像在东京一样。

这些塔楼是否是可持续性的？

在前面的段落中，我们已经为城市环境中的塔楼集成旁的环境考虑提供了一个综述，从实际建造问题到更加理论化的可用的环境评估工具。

影响塔楼可持续性问题的若干因素都不应该遮蔽为什么首先修建塔楼的主要原因：全球城市化进程的加快以及若干大陆上的人口激增。人口增加是因为科技使得食物产量对于纯粹体力劳动的依赖越来越少，所以就造成了从农村向城市的人口流动。土地使用方面的压力在很多方面激增，高层建筑作为一个控制城市扩张的方式而被快速采用。如果可持续性的概念包含了人口激增的事实，那么塔楼在最小化建筑土地使用方面是可持续性的。短期来说，塔楼或许被认为会消耗更多的能源，但塔楼的城市整合策略使其在交通方面消耗更少的能源。所以塔楼的总体环境影响应该将交通补偿方面纳入考量。

为应对城市发展而造成的过度土地使用，除了在城市中集中修建更多的塔楼之外，目前没有任何解决方案。土地是有限的，在有限的范围内很难创造，它最终必须得到保护。

决定塔楼是否是可持续性的最终决定依靠于其在能源和土地使用因素方面的相对价值。目前的环境体系更加侧重于建筑能源消耗而不是土地使用，这是因为修饰我们能源消耗的环境足迹的短期需要。根据建筑记数系统，土地使用和减少个人交通目前被认为是次要和不够紧迫的环境问题。所以在目前，塔楼并不能得到正数的环境评级，但它们的长期环境效益不应该被一并无视。

低层建筑的消防员干预通常是施加在建筑表面的，这种方法会受限于消防云梯的高度。对高层建筑来说，消防员只能在楼梯或者电梯之间选择，即使建筑中使用了专业的消防电梯也是如此。

所有这些根本差异，加上在这里没有列举出来的其他一些规定条款，使得高层建筑修建更加复杂和昂贵。很明显，人身安全是一个不允许达成不安全妥协的领域，哪怕是在经济或者环境考虑的压力下也是如此。

对比表

编号	类型	案例研究 / 类型	地点	日期	高度(m)	开发面积(m²)	场地面积(m²)	场地覆盖率	容积率
1	单一建筑	王国中心 / 纪念碑	利雅得	2002	302	300846	94230	48%	3.19
2		玛丽斧街30号 / 社区中的纪念碑	伦敦	2004	180	47400	5666	37%	8.37
3		商业银行大厦 / 高楼社区	法兰克福	1997	259	85503	7781	87%	10.99
4		Torre Velasca / 社区中高楼	米兰	1958	106	42065	7452	45%	5.64
5		国王塔 / 双塔式高楼	斯德哥尔摩	1925	60	16864	2466	91%	6.84
6		东京都政府大楼 / 整体建筑塔式高楼	东京	1991	243	380504	42941	64%	8.86
7		标准酒店大楼 / 基建项目中的高楼	纽约	2009	71	16457	3106	80%	5.30
8		Tour Ar Men *1/ 模块式高楼——照常营业	巴黎	2008	36	6387	1233	80%	5.18
9	集群建筑	洛克菲勒中心 *2/ 与现有城市结构融为一体的高楼	纽约	1939	259	566297	49422	84%	11.46
10		宫殿区 / 作为城市形态的高楼	克雷泰伊	1974	38	119743	113270	18%	1.06
11		谢赫扎伊德大道 / 线型集群高楼	迪拜	—	355	470335	78257	30%	6.01
12		Moma 和 Pop Moma/ 复合高层建筑	北京	2007	105	274618	61355	24%	4.48
13		六本木山森大厦 *3/ 巨型高层建筑	东京	2003	238	636354	89385	65%	7.12
14		Hansaviertel *4 / Towers in Nature	柏林	1960	52	32560	18971	11%	1.72
15		塞纳河前区 / 基座之上的高楼	巴黎	1990	98	242975	58251	48%	4.17
16	垂直城市	休斯敦市中心 *5 / 美国市中心	休斯敦	—	305	755437	54000	90%	13.99
17		Higienópolis *6 / 高层建筑准则（随时间而确立）	圣保罗	—	115	68024	14284	41%	4.76
18		摩纳哥 / 具有地理含义的高楼	摩纳哥	—	170	267212	120625	25%	2.22
19		陆家嘴 *7/ 纪念碑之城	上海	—	632	1095600	78431	28%	13.97
20		拉德芳斯 *8/ 欧洲CBD	法国	—	231	3830000	1600000	24%	2.39
21		香港 *9/ 超级建筑之城	香港	—	484	415900	57107	52%	7.28

这些数据应该与每个案例比例为1:2500的城市图示结合起来进行考虑。
场地区域没有包括公共街道和人行道，开发区域没有包括基座和停车场。
对于大型项目来说，这些指标是近似值，不能作为官方数据采用。
本表的主要目的是比较容积率和场地覆盖率。

对垂直城市来说，高度指标是指比例为1:2500的城市图示中最高的元素。

*1 整个北马塞纳广场区域的容积率是4.66，场地覆盖率是77%（仅指建筑用地）。
*2 仅计算了位于第5大街和第6大街、第48大街和51大街之间最老的6个街区。
*3 数据描绘了六本木山发展的总数，不仅限于城市规划中的区域。
*4 只计算了4个尖顶塔楼，并不是整个Hansaviertel小区。
*5 根据城市规划中6个市中心街区进行计算。
*6 根据包含色彩建筑的街区进行计算。
*7 数据仅仅基于3个超高大楼及其所在街区。
*8 除了场地覆盖率，其余数据涉及整个拉德芳斯街区而不仅限于城市规划区。
*9 这些数据基于整个IFC项目，没有包括城市图示中较老的城市结构。

参考文献

GENERAL WORKS

Al Manakh 2: Export Gulf, Archis, Amsterdam, 2010

Aregger, Hans and Glaus, Otto, *Hochhaus und Stadtplanung*, Verlag für Architektur Artemis, Zurich, 1967

A+T Architecture+Technology, *Hybrids II*, A+T Publishers, Madrid, 2008

Binder, Georges, *Tall Buildings of Europe, Middle East and Africa*, Images Publishing Group, Mulgrave, 2006

Bossom, Alfred C, *Building to the Skies: The Romance of the Skyscraper*, The Studio Publications, London, 1934

Campi, Mario, *Skyscrapers – An Urban Type*, Birkhäuser Verlag, Basel, 2000

Cohen, Jean-Louis, *Scenes of the World to Come: European Architecture and the American Challenge 1893–1960*, Flammarion, Paris, 1995

Damisch, Hubert, *Skyline: La ville Narcisse – Essai*, Editions du Seuil, Paris, 1996

Dufaux, Frédéric and Fourcaut, Annie, *Le Monde des Grands Ensembles*, Editions Créaphis, Paris, 2004

Dupré, Judith, *Skyscrapers: A History of the World's Most Extraordinary Buildings*, Black Dog and Leventhal Publishers, New York, 2008

Firley, Eric and Stahl, Caroline, *The Urban Housing Handbook*, John Wiley & Sons, Chichester, 2009

Flierl, Bruno, *100 Jahre Hochhäuser*, Verlag Bauwesen, Berlin, 2000

Grawe, Christina and Cachola Schmal, Peter, *High Society: Contemporary Highrise Architecture and the International Highrise Award 2006*, Jovis Verlag, Berlin, 2007

Hilberseimer, Ludwig, *Grossstadtarchitektur*, Julius Hoffmann Verlag, Stuttgart, 1927

Hitchcock, Henry-Russell and Johnson, Philip, *The International Style: Architecture Since 1922*, Museum of Modern Art, New York, 1932

Höweler, Eric and Pedersen, William, *Skyscraper: Designs of the Recent Past and for the Near Future*, Thames & Hudson, London, 2003

Huxtable, Ada Louise, *The Tall Building Artistically Reconsidered*, Pantheon Books, New York, 1984

Jencks, Charles, *Skyscrapers – Skycities*, Rizzoli, New York, 1980

Lehmann, Steffen, *Der Turm zu Babel: Architektur für das Dritte Jahrtausend*, Jovis Verlag, Berlin, 1999

Lehnerer, Alex, *Grand Urban Rules*, 010 Publishers, Rotterdam, 2009

Mierop, Caroline, *Gratte-ciel*, Editions Norma, Paris, 1995

Mujica, Francisco, *History of the Skyscraper*, Da Capo Press, London, 1977

Neumann, Dietrich, *'Die Wolkenkratzer kommen!'*, Vieweg, Braunschweig, 1995

Paquot, Thierry, *La Folie des hauteurs*, Bourin Editeur, Paris, 2008

Quintana de Una, Javier, *The Skyscraper in Europe 1900–1939*, Alianza Editorial, Madrid, 2006

Riley, Terence and Nordenson, Guy, *Tall Buildings*, The Museum of Modern Art, New York, 2003

Schleier, Merrill, *Skyscraper Cinema*, University of Minnesota Press, Minneapolis, 2009

Taillandier, Ingrid, Namias, Olivier and Pousse, Jean-François, *The Invention of the European Tower*, Editions A&J Picard, Paris, 2009

Terranova, Antonino, *Skyscrapers*, Barnes & Noble, New York, 2004

Weaving, Andrew, *High-Rise Living*, Gibbs Smith, Salt Lake City, 2004

Wood, Antony, *Best Tall Buildings 2008: CTBUH International Award Winning Projects*, Architectural Press, London, 2009

WORKS ON SPECIFIC BUILDINGS OR CITIES

Balfour, Alan, *Rockefeller Center*, McGraw-Hill, New York, 1978

Bresler, Henri and Genyk, Isabelle, *Le Front de Seine: Histoire prospective*, SEMEA 15, Paris, 2003

Clémençon, Anne-Sophie, Traverso, Edith and Lagier, Alain, *Les Gratte-ciel de Villeurbanne*, Editions de l'Imprimeur, Besançon, 2004

Condit, Carl W, *The Chicago School of Architecture*, Chicago University Press, Chicago, 1973

Cybriwsky, Roman, *Tokyo: The Shogun's City at the 21st Century*, John Wiley & Sons, Chichester, 1998

Davidson, Christopher M, *Dubai: the Vulnerability of Success*, C Hurst & Co, London, 2009

Davies, Colin and Lambot, Ian, *Commerzbank Frankfurt: Prototype for an Ecological High-rise*, Birkhäuser, Basel, 1997

Dudley, George A, *A Workshop for Peace: Designing the United Nations Headquarters*, MIT Press, Cambridge, Massachusetts, 1994

EPAD, *Tête Défense – Concours International d'Architecture 1983*, Electa Moniteur, Paris, 1984

EPAD, *La Défense*, le cherche midi, Paris, 2009

Ferriss, Hugh, *The Metropolis of Tomorrow*, Princeton Architectural Press, New York, 1998

Fiori, Leonardo and Prizzon, Massimo, *BBPR – la Torre Velasca*, Abitare Segesta, Milan, 1982

Flowers, Benjamin, *Skyscraper: The Politics and Power of Building New York City in the 20th Century*, University of Pennsylvania Press, Philadelphia, 2009

Janson, Alban and Krohn, Carsten, *Le Corbusier: Unité d'Habitation*, Menges, Stuttgart, 2007

Koolhaas, Rem, *Delirious New York*, The Monacelli Press, New York, 1997

Krane, Jim, *Dubai: The Story of the World's Fastest City*, Atlantic Books, London, 2009

Lai, Lawrence and Ho, Daniel, *Planning Buildings for a High-Rise Environment in Hong Kong*, Hong Kong University Press, Hong Kong, 2000

Lampugnani, Vittorio Magnago, *Hong Kong Architecture: The Aesthetics of Density*, Prestel, Munich, 1993

Landau, Sarah Bradford and Condit, Carl W, *Rise of the New York Skyscraper 1865–1913*, Yale University Press, New Haven, Connecticut, 1999

Lee, Leo Ou-fan, *City Between Worlds: My Hong Kong*, Harvard University Press, Cambridge, Massachusetts, 2008

Logan, John, *The New Chinese City: Globalization and Market Reform*, Wiley-Blackwell, Oxford, 2002

Macedo, Silvio Soares, *Higienópolis e Arredores*, Pini: Editora da Universidade de São Paulo, São Paulo, 1987

Mayer, Harold M And Wade, Richard C, *Chicago: Growth of a Metropolis*, University of Chicago Press, Chicago, 1969

Picon-Lefebvre, Virginie, *Paris – Ville moderne: Maine-Montparnasse et La Défense, 1950–1975*, Editions Norma, Paris, 2003

Powell, Kenneth, *30 St Mary Axe: A Tower for London*, Merrell, London, 2006

Schulz, Stefanie and Schulz, Carl-Georg, *Das Hansaviertel – Ikone der Moderne*, Verlagshaus Braun, Berlin, 2007

Scobey, David M, *Empire City: The Making and Meaning of the New York City Landscape*, Temple University Press, Philadelphia, 2003

Stoller, Ezra, *The Seagram Building*, Princeton Architectural Press, New York, 1999

Tarkhanov, Alexei and Kavtaradze, Sergei, *Stalinist Architecture*, Laurence King, London, 1992

Wentz, Martin, *Die kompakte Stadt*, Campus, Frankfurt, 2000

Yabe, Toshio, Terada, Mariko, Yamagishi, Kayoko and Yokoyama, Yuko, *The Global City*, Mori Building, Tokyo, 2003

Zanella, Francesca, *La Torre Agbar*, Parma Festival dell'Architettura, Parma, 2006

Zukowsky, John and Bruegmann, Robert, *Chicago Architecture 1872–1922: Birth of a Metropolis*, Prestel, London, 2000

TECHNICAL WORKS (DESIGN, STRUCTURE, ECONOMY, ECOLOGY, SUSTAINABILITY)

British Council for Offices, *Tall Buildings: A Strategic Design Guide*, RIBA Enterprises, London, 2005

Chew Yit Lin, Michael, *Construction Technology for Tall Buildings*, Singapore University Press, Singapore, 2000

Council on Tall Buildings and Urban Habitat (CTBUH) Committee 30, *Architecture of Tall Buildings*, McGraw-Hill, New York, 1995

Craighead, Geoff, *High-Rise Security and Fire Life Safety*, Elsevier, Oxford, 2009

Eisele, Johann and Kloft, Ellen, *High-Rise Manual*, Birkhäuser, Basel, 2003

Fairweather, Virginia and Thornton, Charles and Tomasetti, Richard, *Expressing Structure: The Technology of Large-Scale Buildings*, Birkhäuser, Basel, 2004

Jenks, Mike and Dempsey, Nicola, *Future Forms and Design for Sustainable Cities*, Architectural Press, Oxford, 2005

Lloyd Jones, David, *Architecture and the Environment: Bioclimatic Building Design*, Overlook Press, Woodstock, 1998

Seal, Mark and Middleton, William and Gray, Lisa and Lewis, Hilary, *Hines: A Legacy of Quality in the Built Environment*, Fenwick Publishing Group, Bainbridge Island, 2008

Smith, Bryan Stafford and Coull, Alex, *Tall Building Structures: Analysis and Design*, Wiley Interscience, New York, 1991

Terranova, Antonino, Spirito, Gianpaola, Leone, Sabrina and Spita, Leone, *Eco Structures: Architectural Shapes for the Environment*, White Star, Vercelli, 2009

Wells, Matthew, *Skyscrapers: Structure and Design*, Laurence King, London, 2005

Willis, Carol, *Form Follows Finance*, Princeton Architectural Press, New York, 1995

Yeang, Ken, *Eco Skyscrapers*, Images Publishing Group, Mulgrave, 2007

索 引

22@Barcelona 38
30 St Mary Axe, London 32-7, 42, 43, 51
Aalto, Alvar 130
Abercrombie, Patrick 66
Adamson Associates 243
Afonso, Nadir 134
Albert, Édouard 216
Al Faisaliyah Center, Riyadh, Saudi Arabia 25, 26
Al Maktoum family 106
Allen, John Kirby 146
Alwaleed Bin Talal Bin Abdulaziz Al Saud, HRH Prince 25, 26
Apthorp, The, Manhattan 47
Arc Promotion 82
ARC Studio Architecture & Urbanism 127
Arquitectonica 119, 184
Arte Charpentier 173
Asplund, Gunnar 59
Atelier Christian de Portzamparc 111

B720 Arquitectos 38
Bakema, Jaap 204
Balazs, André 72, 74-5
Baldessarri, Luciano 130
Baltic Exchange, London 33, 37
Banfi, Gian Luigi 49
Bank of America Tower, Houston 148, 149
Barnes Edward Larrabee 244, 248
Bartning, Otto 128, 130
Baumschlager Eberle 112, 113
BBPR 48, 51
Beaudouin, Eugène 129, 165
Behnisch Architekten 55
Belnord, The, Manhattan 47
Bernard, Henri 216
Bienenkorb Tower, Frankfurt 204
Big Ben, London 51
Blair, Tony 198
Bloomberg, Michael R. 226-7
Boehm, Herbert 204
Boltenstern, Erich 210
Bonnier, Louis 216
Bouygues 99
Bramante, Donato 36
Breuer, Marcel 129
Bunshaft, Gordon 70, 240
Burchard, Martin 155
Burgee, John 63
Burj Khalifa, Dubai 31, 106, 248, 255
Burnham, Daniel 36

Callmander, Ivar 56, 59
Camelot, Robert 179, 180
Canary Wharf, London 152, 199, 200, 212
Carlyle Group, The 143, 184
Caudill Rowlett Scott 150
Cerdà, Ildefons 38
Cesar, Pelli 25, 243
Chapman, Augustus 146
Charbonnier, Pierre 80, 81, 84
Chiambaretta, Philippe 243
Chicago School 39
Chipperfield, David 54
Chirico, Giorgio de 150
Chrysler Building, New York 52, 92
Citigroup Center, New York 244, 245, 248, 253
City of London 199, 200
Clemm, Michael von 200
CNIT 179
Coeur Défense Complex, Paris outskirts 243, 248, 250
Columbia Center, Seattle 251
Columbus Center, New York 251
Commerzbank Tower, Frankfurt 35, 40-5, 206
Coop Himmelb(l)au 41, 210, 212, 214
Cooper Union building, New York 248
Corbett, Harrison & MacMurray 71, 88, 89
Corner, James 73

de Witt, Simeon 222
DEGW 199
Deutsche Bank building, Frankfurt 204
Diller Scofidio and Renfro 73
Dufau, Pierre 220
DUOC Corporate Building, Santiago de Chile 86

Eberle, Professor 113
Eiermann, Egon 130
Eiffel Tower, Paris 26
Ellerbe Becket 24, 25
Elsässer, Martin 204
Empire State Building, New York 92
Ennead Architects 72
environmental systems 246-7
Equitable Building, New York 222
European Central Bank 41

Fahd, King 25
False Creek, Vancouver 192
Farrell, Terry, & Partners 190
Ferriss, Hugh 222
Finelli, Jean-Claude 180

Fisker, Kay 59
Foster, Norman 33, 206
Foster + Partners 25, 26, 32, 33, 35, 40, 186, 227
Frankfurt 204-9
 Bienenkorb Tower 204
 Commerzbank Tower 35, 40-5, 206
 Deutsche Bank building 204
 IG Farben Tower 204
 Zürich-Haus 204
Frankfurt 21 project 41
Frankfurter Tor towers, Berlin 60, 94
Freedom Tower, New York 227
Front de Seine (Beaugrenelle), Paris 51, 60, 66, 81, 129, 136-41, 179, 180, 191, 216
Fuksas, Massimiliano 170
Furier, Charles 134

Gautrand, Manuelle 186
Gensler 171
Gilbert, Cass 42, 222
Giscard d'Estaing, Valéry 216
Goldberg, Bertrand 60
Graham, Ernest R. 222
grand ensemble 99, 100, 130
Grandval, Gérard 96, 98, 99
Gropius, Martin 129
Gropius, Walter 224

Hansaviertel (Interbau), Berlin 116, 128-33, 134
Harrison & Abramovitz 71
Hassenpflug, Gustav 129
Haussmann, Baron 139, 216
Hearst tower, New York 227
Hentrich, Helmut 70
Hénard, Eugène 137
Henselmann, Hermann 94
Higienópolis, São Paulo 154-63
Hilberseimer, Ludwig 137
Hines, Gerald H. 146, 151
Högtorgshusen 60
Holden, Charles 198
Holford, William 198
Holl, Steven 113
Holley, Michel 136, 216
Hong Kong 228-33
 Kowloon Station 190, 191
 Waterfront 188-95
Hood, Godley & Fouilhoux 88, 89
Hood, Raymond 89, 90
Hotel Burj Al Arab, Dubai 241
Hotel Ukraina, Moscow 30, 47

Houses of Parliament, London, 201
Houston, Sam 146
Houston, Texas
   Bank of America Tower 148, 149
   Downtown 146-53
   Jones Hall 150
   JP Morgan Chase Tower 148, 149, 150, 151
   Wells Fargo Center 149
   Williams Tower (Transco Tower) 151
Hoym de Marien, Louis-Gabriel de 98
HPP (Hentrich, Petschnigg & Partners) 70
Hubert & Roy Architects 143

IBM Building, New York 248
Icon Brickell, Miami, Florida 119
IG Farben Tower, Frankfurt 204
IM Pei & Partners 148, 149, 150
Iori, Joseph 164
Ito, Toyo 170, 176

Jacobs, Allan 212
Jaksch, Hans 210
Jianwai Soho, Beijing 102
Jim Mao Tower Lujiazui 171
Jobst, Gerhard 128, 129, 130
Johnson, Philip 63
Johnson/Burgee 148, 149, 151
Jones Hall, Houston 150
Jourdan & Müller 206
JP Morgan Chase Tower, Houston 148, 149, 150, 151
Jumeirah Beach residences, Dubai 142

Keio Plaza Hotel, Tokyo 65
Keller, Bruno 113
Keller Technologies 113
Kingdom Centre, Riyadh, Saudi Arabia 24-9
Kohn Pedersen Fox (KPF) 25, 79, 120, 171, 173, 175, 220
Kowloon Station, Hong Kong 190, 191
Krahn, Johannes 204
Kressmann-Zschach, Sigrid 54
Kreuer, Willy 128, 129, 130
Kudamm-Karree, Berlin 49, 54
Kungstornen, Norrmalm, Stockholm 56-61
Kurfiss, Kurt 130
Kurokawa, Kisho 66
Kvaerner 33

La Défense, Paris 51, 66, 79, 107, 137, 152, 173, 178-83, 191, 212, 218, 220, 244-5

La Défense Extension (Tour Air2), Paris outskirts 184-7
La Fonta, Henri 180
Lapidus, Morris 75
Le Corbusier 49, 71, 84, 102, 129, 134, 136, 160
League of Nations building, Geneva 71
Leroux, Môrice 94
Lever House, New York 42, 222-3
Lewerentz, Sigurd 59
Li Ka-Shing 192
Lindhagen, Albert 56, 57
Lindsey, Chester L. 251
Linked Hybrid (Grand Moma) 113
Livingstone, Ken 199
Lloyds Building, London 33
Lods, Marcel 165
London 198-203
   30 St Mary Axe 32-7, 42, 43, 51
   Baltic Exchange, London 33, 37
   Big Ben, London 51
   Canary Wharf, London 199, 200, 212
   City of London 199, 200
   Houses of Parliament 201
   Lloyds Building 33
   Millbank Tower 199
   Shard (London Bridge Tower) 75, 78, 199
   St Mary Axe tower 38
   St Paul's Cathedral 198, 201
   Willis Building 33
London Docklands Development Corporation (LDDC) 200
Lopez, Raymond 129, 136, 137, 139, 216
Lujiazui, Pudong, Shanghai 170-7
LVMH Tower 225

Mailly, Jean de 179, 180
Maki, Fumihiko 121
Marina Baie des Anges, Villeneuve-Loubet, France 118
Marina City Towers, Chicago 62
Masséna 179
Masséna-Nord masterplan 111
May, Ernst 204
Megahall, Beijing 113
MetLife Building, New York 224
Metropolitan Life Insurance Company 103
Mies van der Rohe, Ludwig 49
Mikan and C&A 102
Millennium Tower 33
Millbank Tower, London 199
Minangoy, André 118
Mirae Asset Tower, Lujiazui 175

Mode Gakuen Cocoon Tower, Tokyo 67, 86, 247
Modern Group, The 113
MOMA, Beijing 112-17
Monaco 162-9
Mordvinov, Arkady 47
Mori Art Museum 121, 122
Mori group 173
Morphosis 248
Morris, Benjamin Wistar 89, 90
Moscow State University (Lomonosov) 30, 47

New York 222-7
   Apthorp, The, Manhattan 47
   Belnord, The, Manhattan 47
   Chrysler Building 52, 92
   Citigroup Center 244, 245, 248, 253
   Columbus Center 251
   Cooper Union building 248
   Empire State Building 92
   Equitable Building 222
   Freedom Tower 227
   Hearst tower 227
   IBM Building 248
   Lever House 42, 222-3
   MetLife Building 224
   Pan Am Building 224
   Riverside Center 95
   Rockefeller Center 71, 88-93, 95
   Seagram Building 42, 52, 223
   Solaire, The, Battery Park City 252
   Solow Building 240
   Standard Hotel 72-7
   Stuyvesant Town 103
   Woolworth Building 42, 222
   World Financial Center 243, 245, 248
Newton Suites, Singapore 135
Niemeyer, Oscar 71, 130
Nishi-Shinjuku masterplan, Tokyo 121, 175
Norddeutsche Landesbank, Hanover 49, 55
Nothmann, Victor 155
Nôtre, André Le 178
Nouvel, Jean 38, 74

Oltarzhevsky, Vyacheslav 47
Olympia & York 200

Pan Am Building, New York 224
Paris 216-21
   Coeur Défense Complex 243, 248, 250
   Eiffel Tower 26

Front de Seine (Beaugrenelle) 51, 60, 66, 81, 129, 136-41, 179, 180, 191, 216
　Tour Ar Men 80-5
　Tour Croulebarbe 216
　Tour de la Maison de la Radio 216
　Tour Dexia (Tour CBX) 75, 79, 180
　Tour Montparnasse 60, 100
　Tour PB 22, La Défense, Paris 243
　Tours du Pont de Sèvres, Paris 244
Parque Central, Caracas, Venezuela 126
PCA Architects 243
Pei Cobb Freed & Partners 151, 179
Pelli, Cesar 248
Pelli Clarke Pelli 243, 244, 252
Pereira, William L. 46
Perrault, Dominique 170, 176
Perret, Auguste 51, 107
Phalanstère 134
Pinnacle@Duxton, Singapore 127
Pirelli Tower, Milan 51, 87
Playa de Levante Extension, Benidorm, Spain 110
Poelzig, Hans 204
Polshek Partnership 72
Ponti, Giò 51, 87
POP MOMA, Beijing 112-17
Portzamparc, Christian de 80, 82, 95, 220, 225
Pottier, Henri 136, 139
Pudong-Lujiazui 65
Puerta de Europa (Kio Towers), Madrid 63

Quartier du Palais (Immeubles 'Choux'), Créteil, Paris outskirts 96-101

Radio Corporation of America (RCA) 89
Ramalho, Baron de 155
RCA Building (GE Building) 90
Reinhard & Hofmeister 88, 89
Renzo Piano Building Workshop 78
Richard Rogers Partnership 171, 173
Ringturmtower, Vienna 212
Riverside Center, New York 95
Rockefeller Center, New York 71, 88-93, 95
Rockefeller, John D. Jr 88, 123
Rogers, Ernesto Nathan 49
Rogers, Richard 33, 170, 198
Rookery Building, Chicago 36
Roppongi Hills Mori Tower, Tokyo 120-5
Rudnev, Lev 30, 47
Rue de la Loi Masterplan, Brussels 111
Ruf, Sep 204

Sabbagh Arquitectos 86
Santa fe, Chicago 36
Sauvage, Henri 99
Schauroth, Udo von 204
Schliemann, Todd 72
Schliesser, Wilhelm 128, 129
Schwippert, Hans 129
Seagram Building, New York 42, 52, 223
Sekkei, Nikken 175
SEMAPA 80
SemPariSeine 136, 137, 139
Shanghai Tower, Lujiazui 171
Shard (London Bridge Tower), London 75, 78, 199
Sheikh Zayed Road (E11), Dubai 104-9, 165
Shunichi, Suzuki 65
Singapore 234-7
　Newton Suites 135
　Pinnacle@Duxton, Singapore 127
Siso, Shaw & Associates 126
Siza, Álvaro 143
Skanska 33
Skidmore, Owings & Merrill (SOM) 25, 31, 70, 149, 171, 223, 227, 240, 248, 251, 255
Solaire, The, Battery Park City, New York 252
Solow Building, New York 240
Speer, Albert 205
Sprecklesen, Johann Otto von 179
Squire 121
St Mary Axe tower, London 38
St Paul's Cathedral, London 198, 201
St Peter's Square, Rome 67-8
Standard Hotel, New York 72-7
Stubbins, Hugh, Jr. 244, 248
Stüchli, Werner 204
Stuyvesant Town, New York 103
Subbins, Hugh, Jr 253
Sullivan, Louis 39
Sun Hung Kai 121
sustainability 240-57
Swiss Re 32, 42

Tange, Kenzo 64, 66-7
Tange Associates 247
Taut, Max 130
Tempietto, Rome 36
Theiss, Siegfried 210
Thyssen-Haus, Düsseldorf 70
Todd, John R. 89
Tokyo Metropolitan Government Building 64-9, 175

Torre Agbar, Barcelona 38-9
Torre Mayor, Mexico City 248
Torre Velasca, Milan 48-53
Tour 9, Montreuil, Paris 143-5, 184
Tour Ar Men, Paris 80-5
Tour Croulebarbe, Paris 216
Tour de la Maison de la Radio, Paris 216
Tour Dexia (Tour CBX), Paris 75, 79, 180
Tour Montparnasse, Paris 60, 100
Tour PB 22, La Défense, Paris 243
Tours du Pont de Sèvres, Paris 244
Trafalgar House 33, 37
Transamerica Pyramid, San Francisco, California 46
Tribune Tower, Chicago 90
Trump, Donald 95

Unité d'Habitation (Cité Radieuse), Marseille 60, 134
United Nations Headquarters 71, 74

van den Broek, Johannes Hendrik 204
van der Rohe, Mies 39, 223
Vienna 210-15
Viguier, Jean-Paul 248, 250
Ville Radieuse 102
Villeurbanne Town Hall and New Centre, Lyon Outskirts, France 60, 94

Wallander, Sven 56, 57, 59
Wanderley, Joaquim Floriano 155
Warsaw's Palace of Culture 30
Wells Fargo Center, Houston 149
Williams Tower (Transco Tower), Houston 151
Willis Building, London 33
Woho 135
Woolworth Building, New York 42, 222
World Financial Center, Lujiazui 171, 172, 173, 175
World Financial Center, New York 243, 245, 248
Wright, Tom 241
WZMH Architects 25

Yamamoto, Riken 102

Zehrfuss, Bernard 179, 180
Zeidler Partnership 248
Zürich-Haus, Frankfurt 204

图片版权

The author and the publisher gratefully acknowledge the people who gave their permission to reproduce material in this book. While every effort has been made to contact copyright holders for their permission to reprint material, the publishers would be grateful to hear from any copyright holder who is not acknowledged here and will undertake to rectify any errors or omissions in future editions.

t = top, b = bottom, l = left, r= right, c = centre

Front cover image © Eric Firley
Back cover image © Eric Firley

pp 2, 6, 9, 10, 11, 14, 16, 18 (t), 21, 30 (bl & br), 31 (l, cr & br), 32 (b), 33, 34 (tl & b), 39 (l, cr & br), 40 (b), 41, 42 (t), 43 (br), 46 (c, bl & br), 47 (c & b), 48 (b), 49, 50 (tl & tr), 51, 54 (cl & cr), 56, 57, 58, 59 (r), 62 (c, bl & br), 64 (b), 65, 66 (b), 67, 70 (cl, bl & r), 71 (c, bl & br), 72 (b), 73, 74, 79 (cl, cr & b), 80 (b), 81, 82, 83 (bl), 88 (b), 89, 90, 91, 96 (b), 97, 98, 99, 102 (c, bl & br), 103 (c, bl & br), 104 (b), 105, 106, 107 (t & c), 115 (tl & r), 118 (c & b), 119, 120 (b), 121, 122, 123 (tl & tr), 126 (cl, cr & b), 128 (b), 129, 130, 135 (bl & br), 136 (b), 137, 138, 139 (b), 142 (c & b), 145, 146 (b), 147, 148, 149, 150, 151 (l) 154 (b), 155, 156, 157, 158 (t), 159, 162 (b), 163 (b), 164 (b), 165 (t), 166, 167, 170 (b), 172, 173, 174, 175, 178, 179 (t), 180, 181, 188 (b), 189, 190 (b), 191, 192, 193, 203, 227, 237, 247, 249, 250, 256-7, 258 © Eric Firley; pp 13, 34 (tr), 42 (b) Nigel Young © Foster + Partners; p 18 (b) © Kari Searls; pp 24 (t), 29, 30 (t), 31 (t), 32 (t), 37, 38 (t), 39 (t), 40 (t), 45, 46 (t), 47 (t), 48 (t), 53, 54 (t), 55 (t), 56 (t), 61, 62 (t), 63 (t), 64 (t), 69, 70 (t), 71 (t), 72 (t), 77, 78 (t), 79 (t), 80 (t), 85, 86 (t), 87 (t), 88 (t), 93, 94 (t), 95 (t), 96 (t), 101, 102 (t), 103 (t), 104 (t), 109, 110 (t), 111 (t), 112 (t), 117, 118 (t), 119 (t), 120 (t), 125, 126 (t), 127 (t), 128 (t), 133, 134 (t), 135 (t), 136 (t), 141, 142 (t), 143 (t), 146 (t), 153, 154 (t), 161, 162 (t), 169, 170 (t), 177, 178 (t), 183, 188 (t), 195 © Eric Firley. Prepared with the assistance of Dean See Swan and David Zink; p 24 (b), 25, 26, 27 (tl & tr) © Ellerbe Becket Architects / photo Joseph Poon; p 27 (b) Courtesy of Ellerbe Becket, an AECOM Company and Omrania + Associates; pp 28, 68, 108, 116, 176, 194 courtesy Terraserver; pp 35, 43 (tl & bl), 186 © Foster + Partners; p 36 © Bluesky International Ltd/ www.blueskymapshop.com; p 38 (c) © David Guija Alcaraz; p 38 (b) Courtesy AGBAR; p 44 © Luftbild: Stadtvermessungsamt Frankfurt, Germany; p 50 (c & b) Courtesy of Alberico Barbiano di Belgiojoso; p 52 © Blom CGR; p 55 (cl, cr &b) © Behnisch Architekten / Photo Christian Kandzia; p 59 (tl & cl) © AB Centrumfastigheter; p 60 © Lantmäteriet Sweden; p 63 (cl & b) © Jesus Labrado; p 63 (cr) © photo by Klaus Fehrenbach; p 66 (t) © Mrs Kenzo Tange, Paul Noritaka Tange Tange Associates; p 75 © Ennead Architects LLP; pp 76, 92, 152 courtesy of USGS; p 78 (c, bl & br) The London Bridge Tower © Renzo Piano Building Workshop; p 83 (t & br) © Pierre Charbonnier; pp 84, 100, 140, 182 courtesy of IGN; p 86 (l, cr & b) © Juan Pedro Sabbagh, Juan Sabbagh, Mariana Sabbagh, Felipe Sabbagh/photo Marcial Olivares; p 87 (b) © David Guija Alcaraz; p 94 (br) Courtesy of Bibliothèque municipale de Lyon; pp 94 (bl), 212, 225, 231, 232, 233, 236 © Julie Gimbal; pp 95 (c, bl & br), 111 (c & b) © Atelier Christian De Portzamparc; p 99 (t) © Gérard Grandval; p 107 (b) Fonds Perret frères. CNAM/SIAF/CAPA, Archives d'architecture du XXe siècle/Auguste Perret/UFSE/SAIF/2010; p 110 (upper c) © Balduino Martinez Muedra; p 110 (lower c) © Klaus-Henning Poot; p 110 (b) © Karl Hoskin; pp 112 (b), 113, 114 © Andrea Firley; p 115 (b) © Baumschlager Eberle; pp 123 (b), 171 (bl & br) © KPF with Mori Building; p 124 © Mori Building; p 127 (b) © Arc Studio Architecture + Urbanism and RSP Architects Planners & Engineers; p 131 Courtesy of Architectenbureau Van den Broek en Bakema; p 132 © Geobasis-DE / SenStadt III, 2010; p 134 (c & b) © FLC / ADAGP, Paris and DACS, London 2010; p 135 (c) © WOHA and Patrick Bingham-Hall Photographer; p 139 (tr & tl) © I. Mory, M. Proux/Batima S A; pp 143 (cl & cr), 144 © CEREP Franklin Sarl/Architect: Hubert & Roy; pp 151 (tr & br), 179 (b) © Pei Cobb Freed & Partners; p 158 (b) © Luiza Cardia; p 160 Courtesy City of São Paulo; p 163 (t) Courtesy of Direction de la Prospective de l'Urbanisme et de la Mobilité; pp 164 (tl & tr), 165 (b) © Direction de la Prospective de l'Urbanisme et de la Mobilité; Cabinet d'Architecte Alexandre Giraldi - Successeur de Joseph Iori; p 168 © Direction de la Prospective de l'Urbanisme et de la Mobilité; p 171 (t) Rendering courtesy of Gensler; pp 184-85, 185 Courtesy of Arquitectonica; p 187 © Manuelle Gautrand Architecture; p 190 (t) © Farrells; pp 199, 205, 235 images created by Julie Gimbal from original satellites © DigitalGlobe (courtesy Google); pp 201, 202 © Greater London Authority; pp 206-07, 208 © Stadtplanungsamt Frankfurt am Main; pp 213, 214 © Stadtentwicklung Wien; pp 211, 217, 223, 228, 229 images created by Julie Gimbal from original satellites © TerraMetrics (courtesy Google); pp 218-19, 220-21 © Ville de Paris - direction de l'Urbanisme – 2008; pp 224 (l & r), 226 images used with permission of the New York City Department of City Planning. All rights reserved; pp 240, 241, 242, 243 (b), 244 (tl & tr), 251 (r), 252, 253, 254, 255 © Philippe Honnorat; p 243 (t) © Philippe Chiambaretta / PCA; p 244 (b) © Pelli Clarke Pelli Architects; p 245 (t) © iofoto / Shutterstock; p 245 (b) © Ilja Masík / Shutterstock; p 248 © Torre Mayor, SA de CV; p 251 (l) © WSP Flack + Kurtz, used by permission from WSP.